精致形象管理
时尚穿搭 大全

徐萌 ◎ 著

中国铁道出版社有限公司
CHINA RAILWAY PUBLISHING HOUSE CO., LTD.

图书在版编目（CIP）数据

精致形象管理:时尚穿搭大全/徐萌著. —北京：
中国铁道出版社有限公司，2019.8（2024.6重印）
ISBN 978-7-113-25950-1

Ⅰ.①精… Ⅱ.①徐… Ⅲ.①服饰－搭配 Ⅳ.
①TS973.4

中国版本图书馆CIP数据核字(2019)第125401号

书　　名：**精致形象管理：时尚穿搭大全**
作　　者：徐　萌

策　　划：巨　凤　　　　　　　　读者热线电话：（010）83545974
责任编辑：苏　茜
封面设计：MXK DESIGN STUDIO
责任印制：赵星辰

出版发行：中国铁道出版社有限公司（100054，北京市西城区右安门西街8号）
印　　刷：中煤（北京）印务有限公司
版　　次：2019年8月第1版　　2024年6月第10次印刷
开　　本：710mm×1 000mm　1/16　印张：16.75　字数：254千
书　　号：ISBN 978-7-113-25950-1
定　　价：59.80元

在这里遇见最美

你如此独特，散发着光芒，我已被感染，愿你在这里遇见最美的自己。

——徐　萌

　　我曾经在几年间一直用"遇见最美的自己"开设形象蜕变沙龙课程，参与的人员有企业家、公务员、高级白领、教师、医生、全职太太、自由职业者、退休人员、大学生，还有中学生等，几乎涵盖了所有的人群。他们在我的课堂里都要经历三个阶段：一是识别自我，通过照镜子重新进行认知；二是找回自我，通过九宫格工具和扬长避短穿衣法确立自己的穿衣方向；三是尊重自我，通过色彩罗盘和衣橱管理达到内外和谐。在无数次沙龙课程上，我见证了上万人的形象蜕变，他们走出课堂后，收获的不仅仅是已经改变的形象，更多的是洋溢在脸上的笑容和笃定自信的眼神；他们也将这种能量传递给了家人、朋友、爱人、孩子。他们用事实告诉人们，形象好的人会获得更多成功的机会和幸福的生活。

　　我从来都不认为自己可以改变谁，因为我自己也在时时被这个世界改变着。我只是希望帮你看到自己，真正的自己到底有多美。所以在写作这本书的时候，我充满了期待，期待你在这里遇见更美的自己，而我会一直在这里为你摇旗呐喊。也愿我们在这里相遇，相知。

目录 CONTENTS

第1章
服饰的语言

我们不可能像《红楼梦》里的王熙凤一样，每次出场都是"不见其人，先闻其声。"

也不可能每次出现都挂上一个牌子，写明我是怎样的人。

但我们每天都会穿上衣服出门，而每件衣服是有特性和语言的。

我们要学会掌握它，让服装帮我们来表达。

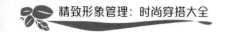

1.1 衣服风格会说话

美国的心灵励志大师皮克·菲尔在气场训练中经常会运用一个穿衣游戏作为开场，他会将 10 位男士邀请到台前，并请他们背对台下的人，然后邀请 10 位女士到台前，让她们选择值得信任的男士。每次那些衣服整洁、西装笔挺、穿衣讲究、鞋子正统，发型有序的男士后面都会站了超过 7 成的女士。而那些服装皱褶成堆，邋遢拖沓，太过懈怠或过于潮流的男士身后往往空无一人。菲尔会让这些男士看清事实后回到化妆间重新整理自己的行头。只要他们意识到"服装会说话"这件重要的事情，重新换上整洁得体的衣服后，再站回台前，身后就有了站队的女士。菲尔用这个残酷的事实给了在场所有人一个深刻的提醒，一个人的气场是从外面这件包装开始的，不同的包装呈现了不同的风格，风格有语言。

我们不管是走进商场，还是观看 T 台秀，都会看到代表自己风格独特的品牌和设计师。正是因为有了独特的风格倾向，才会让人们对一些品牌趋之若鹜。国际一线品牌更是深谙此道，甚至将自己的品牌打造成一类风格的代表，比如，香奈儿风格就代表了优雅简洁；迪奥则引领了性感名媛风尚；率性兼异域风情一定让你想到了爱马仕；奢华宫廷是杜嘉班纳的拿手好戏；复古文艺风潮则帮古驰站上了时尚帝国的巅峰。这些都告诉我们风格到底有多重要，它的作用就是用来彰显宣扬个性主张，这些语言汇集成强有力的广告，召集着跟他们同类的人们。

1.2 学会听衣物的声音

记得《花样年华》里张曼玉穿的那二十六身旗袍吗？上世纪变幻的光影，印在那妖娆的花纹上，衬托出她纤细的腰肢，婀娜的身材，显得她步步生姿，风情万种。

我想只有旗袍能够表达出女主苏丽珍的美和内心的一切状态，换了其他任何一种服饰，都无法阐述好这个故事。而仅仅就故事本身而言，其实并没有太多吸引力，王家卫的电影本来就不是用来看剧情的，我们看到的是苏丽珍的旗袍和不同旗袍隐喻的心情描写。因为只有身着旗袍的女子袅袅婷婷地向我们走来时，才会有微风玉露倾，挪步暗生香。在王家卫的镜头下，张曼玉的旗袍装逐一展现，明艳的、浓烈的、节制的、暧昧的、暗淡的、寂寞的，隐忍的、坚强的。这些不同的心理状态通过不同颜色和印花完完整整地诠释了出来，美轮美奂。

不管是电影、电视剧还是著名的文学作品，都会对主人公的衣着进行最贴切人设的打造和描述，我们也是通过这些主人公的穿着状态慢慢开始了解他。那一个个鲜活的形象，哪个不是跟他们喜爱穿着的款式、用到的颜色以及花纹结合在一起？在个人风格如此鲜明的今天，我们最该学习的难道不是服饰所隐含的喻义吗？

1.3 "它"所表达的含义

鸡尾酒里最传统有名的当属"烈焰红唇"，这个名字有一种令人欲罢不能之感。红色让人联想到火、血、太阳，享受激情，还带着潜在的危险，撩拨内心暗藏的火焰。所以，凡是运用最纯正的红色色彩，总能表达出热烈、性感、火爆的女郎形象。而与之相对应的绿色则是最好的灭火剂，生机盎然又充满希望，选择绿色的女孩一定充满了平和之爱。都说自古红蓝就是一对好 CP，蓝色是天空和大海之色，宽广浩瀚深沉是蓝之属性，思维缜密的人与蓝色相得益彰。每一种颜色都表达着不同的语言，有正向语言也有反向语言，我们需要细心聆听，并学会运用好色彩的内涵力量。（第九章里有详细的颜色运用）

爱马仕每季的丝巾总是受到追捧，不光是颜色的完美应用，还有那充满力量的图案。它的图案大多运用品牌的历史、故事、图腾，隐含了神奇的色彩。中国苏杭

的丝巾图案大多以中国山水画、花鸟及江南水乡之景为题材，自然流露出或淡雅或华贵的印象。如果是牡丹花，一定是大家闺秀之选；如果是小碎花，带来的就是小家碧玉之清新。如果换成巴宝莉的经典格纹，必然有成熟理性的韵味；如果是麦昆的标志图案骷髅则显示了个性叛逆。

服装也好配饰也罢，都离不了色彩或图案，再加上本身的线条和材质，组合而成了新的风格。我们从欧美风里领略到的是大气、利落、酷帅，从日式服装品牌里感受的是禅意、建筑之美，从 BOHO 风潮中看到的是民族、浪漫、自由。既然每件衣服都是具备了独特的风格语言，那我们是应该根据喜爱选择风格吗？

1.4 衣服是你身体的延伸

不知你有没有这样的体验：A 形裙对自己来说很显瘦，衣服一定要有高腰的设计才能穿出高挑的感觉，或者只有穿某一类颜色的衣服时，自己的皮肤看起来才是白皙有光泽的。我们通过不断的试错淘汰掉那些让我们看起来不太好的衣服，却不知道到底哪些衣服才是真正合适的，所以总有漏网之鱼被自己再次买回，穿上被别人诟病，不穿就是浪费。

我们有没有想过一件衣服、一双鞋子跟我们之间的关系呢？从最基本的需求来说，衣服要合身，鞋子要合脚。做到合身和合脚就要研究人身体的结构、比例、体型、人体工学等，从这点来说服饰设计本身就是一个综合学科。或许设计师们是知道哪些设计是为哪种体型来穿的，而我们消费者呢，是否已经了解自己是哪种体型，该穿哪种款式？

我们对服装要求有实用这项功能，但还远不止于此，我们还希望它让我们看起来很美很有价值。而衣服就是你身体的外延，展示着你的身材，展示着你的过去、现在和未来。

1.5 是人穿衣服而不是衣服穿人

同样穿 20 世纪 70 年代的伊夫圣罗兰连裤装，有的人看起来漂亮有型，有的人却是四不像。在一次宴会中碰到一位女性，大谈特谈刚刚结束的欧洲之旅以及身上刚刚购买的香奈儿外套。却听到身边一位女性嘟囔了一句："没见过大品牌的衣服也这么糙，线都不直，跟地摊货似的。"我仔细看过去，衣服是真的没错，只是香奈儿特有的斜纹软呢面料的确被她壮硕的身材撑得变了形，本来兼具舒适宽松和优雅流畅的线条变得弯弯曲曲，价值感大打折扣。我们身边不乏那些穿着各种名牌的人，全身衣服价格超过十万元，可你总觉得像穿了仿冒品，不超过一千元的样子。

很多人都希望通过服装来展现自身的价值和品位，所以去购买各种名牌，不幸的是衣服没让那些人变得有价值，而衣服本身竟然因为穿着者而变成了廉价品。我想这也是当年有很多品牌会控制自己的产品流向，甚至不会卖给一些消费者的原因。现在为了持续增长的销售额，这些大品牌早已取消了门槛。但这只能让更多人看起来不是在穿衣服，而只是在显示穿了什么品牌，衣服和人永远是分离的，还何谈品位。

1.6 衣服和你是一体的

超现实主义著名画家马格丽特有一些服装和身体长在一起的画作，比如一件睡衣上面有两个乳房长出来，一双鞋子上有十个脚趾头长出来。有些人看到后会觉得很有趣，也有些人说吓了一大跳，其实他是通过这种方式来告诉我们物品和人的一种关系。当你经常穿某件衣服时，这件衣服慢慢就留下了你的味道。而你身上也有周边物品的印记，因为你所穿的任何一件衣服，都会通过跟你的紧密接触而影响你的行为和情绪。穿上高跟鞋，我们会自觉地挺直腰身，穿上运动鞋，我们连走路都

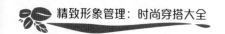

想蹦两下，而换上拖鞋立马就散漫了下来。

我在马尔代夫潜水时曾看到很多美丽的海龟，它们的龟背上竟然长着和周边的水草珊瑚一模一样的图案，像是通过 3D 打印技术呈现在龟背上似的。环境于动物也好，于人也好，都在发生变化。服装也是如此，最美的形态一定是服装像长在你的身上一样，与你融为一体，不可分割，它在烘托你的美丽，你在展现它的价值。

1.7 显高显瘦是对衣服的基本要求

不知道你是否有勇气面对镜子中裸着的自己，看到自己的身体时是欣赏的还是盯着那腹部的赘肉或是并不修长的双腿唉声叹气。我在商场陪客户购物时，听到导购说得最多的一句话就是，"这件衣服超显瘦"。于是店内的顾客都愿意去试穿，当看到镜中的自己真的看起来瘦了一些的时候，立马决定买下，而不管这件衣服是否适合自己，回去怎么与衣橱当中的其他单品搭配或者适合在哪种场合穿。追求高也好，瘦也好，其实都是对自身身材不够满意的表现。每个人不满意的地方并不相同，有的是胸，有的是腰，有的是臀，有的是……但能够按照美神维纳斯的比例生长的完美身材少之又少，所以我们需要懂得自己身材的优缺点来找到适合自己的衣服。

著名服装设计师巴伦西亚加早在迪奥先生之前就把所有服装廓形做了研究和归纳。我们现在经常听到的 A 形、X 形、O 形、H 形、I 形都是巴伦西亚加提炼出来的，他认为没有不好的身材，只有不适合身材的设计轮廓而已，而他的每一款服装廓形都是为了让女性穿上之后看起来更高挑有型。看来我们最需要做的是了解自己的体型和适合的廓形。

1.8 鞋子是一套风格的终结者

　　我在巴黎时装学院学习期间，向 EHSO 教授请教过一个问题："巴黎女人最关注自己的是什么？"教授回答我说："风格，自己独特的个性展现。""那她们会从哪里开始自己的风格打造呢？"答案让我颇为意外："鞋子"。巴黎女人在选择穿搭时，会从鞋子开始挑选。走在巴黎街头，你会发现那些精致的法国女人穿的都是最基本款的白衬衫、牛仔裤，但她们脚上的鞋子却独具个性，一双鞋子已经彰显了所有想要表达的。如果你仔细去研究每一双鞋子，就会发现它们的表情如此丰富，仅仅一只鞋头设计，就会给人带来不同的感官印象。比如，尖头总会让人们想到非常性感的女郎；方头则带来了大女主的果敢；扁圆头总是有些小女生的可爱。

　　在学员交给我的搭配作业中，总有很多人为了方便，衣服穿好了，脚上却穿了一双拖鞋，这使我无法形容整套穿搭的风格。你会发现即使她从上到下穿得很优雅端庄或摩登都市，但少了脚上的鞋子，将永远不成风格。所以我会一再强调，希望搭配的时候把鞋子穿上去，因为鞋子才是一套风格的终结者。

1.9 妆容从一支合适的口红开始

　　有没有发现，很多小女孩对妈妈的化妆品特别感兴趣，其中最感兴趣的就是口红。她们经常会对着镜子涂上口红，再照着大人的样子将嘴巴来回抿几次，于是嘴巴就变得鲜艳许多，她们看着这样的自己开心得忘乎所以，觉得美丽极了。我们小时候对于美丽的成熟女郎的观感留在印象深处的想必也是涂着口红的模糊印象，没有具体型象，总之一定会有一个大红唇。口红之于女人，是走向成熟魅力的重要一笔，之于男人，是欲迎还拒的诱惑。

　　《来自星星的你》热播之后，女主角千颂伊最爱涂的玫红色口红成了众人追风

的明星款，适合的人的确有冷艳之感，不适合的人却总会让你觉得嘴唇过于突兀，脸部会显得僵硬，形象不是那么美好。**YSL** 的最畅销款口红被网友称为"斩男色"，星光熠熠的橙色调的确会让很多皮肤好的女孩子看起来娇艳欲滴，却会让皮肤不好的女孩子变得形象更不好，最终自毁前程。

选择一支适合自己的口红是门学问，要先了解皮肤冷暖，再了解皮肤艳浊，以及深浅。冷肤色适合玫红色系的口红，暖肤色比较适合用橙红色调。皮肤鲜艳的人可以涂上最正的大红色带来无敌诱惑力，皮肤浑浊的人尽量避免大红色。深肤色人最适合姨妈红，有神秘又复古的女性形象，浅肤色人则不太适合这种颜色。

1.10 发型决定了形象的 50%

我们经常会听到很多人说，换款发型犹如整形。发型于每个人的重要性，已经不言而喻。它为什么会对个人形象有如此大的影响呢？其实细想一下就会明白，头发在我们脸部周围，脸型不可改变，但发型可以。如果我们满意自己的脸型，那就让发型尽情地去彰显就好；如果我们不满意自己的脸型，那就通过发型来帮我们弥补不足。

春节前夕，我们都有去剪头发的风俗，为的是有个好兆头。每每这个时候，我收到的紧急求救也是最多的，各种问题向我袭来。明明是选了一款明星同款发型照着剪的，明明是发型师推荐的最新款发型，明明是用了最好的染发剂，而且是发型总监亲自烫的，可怎么就瞬间年长 10 岁变大妈了呢？或者根本就是四不像。有的人气急败坏、有的人懊恼不已、有的人直接大哭……一款发型而已，至于吗？当然至于，我也有因头发没剪好瞬间崩溃的时候，所以对于每次修剪头发都是非常慎重的，而且找一个御用发型师至关重要。

我原来在北京的发型师帮我剪了 4 年多的发型，在多次沟通中他已经完全掌握了我的风格特征，所以每次剪出的发型都是成功的。后来我搬到广州生活，因为对当地发型机构不熟悉，我竟然一年多没有修剪过头发，那也是唯一一次长发及腰。后来实在不能忍受了，就开始试验各个发型机构。终于遇到了一个不错的发型师，层次剪的格外好，再后来去烫发，也是很满意。后来他成了我在广州的御用发型师。

能帮你剪出适合自己的好发型，①发型师的技术要过关；②发型师要特别愿意听你的陈述，能很虚心地帮你分析发型的可实施度。而有些发型总监 / 首席发型师非常自以为是，认为自己眼光最超前，又特别讨厌你跟他要求这儿要求那儿。可流行不代表适合，有剪发技术不代表他了解每个人的风格，所以最后剪出的效果只能让你欲哭无泪。与其大海捞针一样去选个发型师帮你设计发型，还不如自己了解风格后，找个懂技术的帮你实施就好了。

第 2 章
穿衣的态度

这些年，我发现了一个规律：

那些每天都能保持好形象的人，在其他方面也会做得很到位。

因为他们通过强大的自我管理，收获的不只是好身材、好气质，更重要的是对自己的信心，是追求更好生活的热情。

所以你如果每天都是漂亮的，你的一生都是漂亮的。

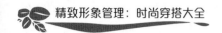

2.1 对待一件事的态度代表了对待所有事的态度

你衣品不好，别人注意到的是衣服有多烂；但是衣品无敌好，别人注意到的就是你这个女人本身了。

——Katherine

美国有一部影片《Working Girl》（《上班女郎》）是当年奥斯卡的大赢家，几乎包揽了所有奖项，连女三、四号都有获奖。一是它表达了女性独立自主意识的觉醒——女主在职场中通过不懈努力并最终成为自己想成为的那个人；二是影片中的任一女性，她们的衣品真的是超级好，甚至可以令人选择性地忽略她饰演角色的人品。剧中最令人紧张的时刻就是海苔决定假冒她老板的那一刻，她一改往日秘书小姐那套甜腻、俗气的装扮，换上了剪裁干净利落、优雅有度的服装，让我们瞬间被这位干练、睿智的"女Boss"所俘获，没有人相信她是冒牌货。

衣服是穿着者非常明确的自我表达，这种用穿衣来外化和表达自己情绪及主张的趋势，随着时代发展以及女性在职场活跃度提升、成功欲增强的今天变得越发蔚然成风。大家渐渐地从你穿衣的态度看到你对待其他事物的态度。穿在身上的衣服是整洁有序、搭配得当的，人的思维通常也是明晰有逻辑的；穿在身上的衣服不伦不类，做事也多会不靠谱。

2.2 为丰富的人生而穿衣装扮

在信息泛滥的今天，个人形象已经被很多人视为一张响当当的名片。如果你是企业家，你的形象就是你公司的形象；如果你是高级白领，你的形象就代表着你胜任工作的能力；如果你是孩子的父母，你的形象就是你的孩子即将长成的样子。

我们在社会中担任着各种各样的角色，需要见很多人，做很多事。若想与他人有良好的沟通氛围，让事情更加顺利，外在的穿衣装扮一定要表达准确。想要展现你的果断干练，就不要穿着混搭的街头风衣；想要别人感受你的亲和力和善良，就要放弃黑灰色服装；想要体现优雅女人味，就不要装扮成刀枪不入的女战士形象。你想表达什么，就要先穿成什么。

形象管理有多重要，Musk 造型公司的创始人 Andrew Weitz 是这么总结的，如下图所示。

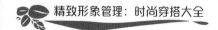

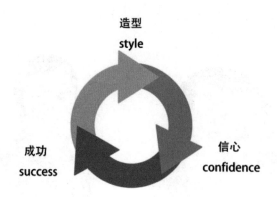

形象管理做得好的人，通常自我管理能力都比较强。因为没有人能够随随便便就光彩照人。

2.3 每种阶段都是最佳状态

我们的一生很长，长到可以有很多经历；我们的一生也很短，短到错过那一次就永远错过。朋友敏敏是一名娱乐记者，之前曾在出席重要活动时被嘲笑，找到我做了形象管理后，每天都是以最佳状态和最好形象示人。有一年，她被选中去戛纳电影节做采访，跟我商量后，自己就像明星一样拖了一大箱衣服启程了。回来后给我带了好大一个礼物，兴奋地说："你知道吗？因为我第一次去不熟悉路，竟然错过了入场时间，我对着保安好说歹说，他上下打量我后，竟然放我进去了。要不是那天听你的话，穿了晚礼服和高跟鞋，估计他打死都不会同意的。幸好幸好，没有因为走路方便而穿运动鞋和休闲服。"

泽妈是我的一个学员，之前跟她老公一起创业，后来公司交给她老公打理，自己专心在家带孩子。作为全职太太和妈妈，因为不太出门，形象自然疏于管理，在家往往就是穿家居服，怎么舒服怎么来。让她没有想到的是，女儿渐渐长大，开始

对她有要求。比如，需要家长参加的活动，每次去之前，女儿都要看她选哪件衣服去参加，有时还要临时去商场买衣服。用她的话说，每次都像一场战役，但却没有打赢过。后来她开始跟着我学习形象课程，每一堂课，她都很认真地做笔记、做练习，变化相当惊人。后来她还成了我们的分享者，她说："每节课我都听了十遍以上，不断地理解，不断地按照老师说的进行搭配练习。现在我已经成为三个女儿的榜样，她们会跟着我学习搭配，也会征求我的意见。更惊喜的是，老公出差前会让我帮他搭配好每一套衣服，并且说相信我的眼光。不光是在家里的地位大大提升，跟朋友在一起聚会，我也好像有了更多话语权。朋友说我变得更加阳光年轻了，我心里明白是外面的光芒照进了心里！"

我自己又何尝不是好形象的受益者？我一直都说自己是运气很好的人，走到哪里都会被很好地对待。朋友说："你这形象，走到哪里谁能不喜欢呢？"适时适地，不管哪个阶段，总以最好的状态，迎接永不再来的今天。

2.4 为更好的自己而穿衣装扮

穿衣服也是自我认知的一个过程，大部分人在小时候是由妈妈为自己选衣服装扮的。如果妈妈想要公主一样的小女孩，她往往会给孩子买很多粉粉嫩嫩的纱纱裙；如果妈妈想要一个酷女孩，她会给孩子买很多黑白色系的街头风 T 恤和裤子；如果妈妈想要一个文文静静的女孩，她会给孩子买大地色系的棉麻类衣服……这是

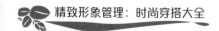

妈妈想要的，所以她就从服装上开始塑造你。那你想要什么样的自己呢？

我们慢慢长大，慢慢开始寻找那个真正的自己。我们跟着妈妈去服装店，自己选中衣服，但很多时候都会被妈妈否掉，她说那个不适合你。我们有了自己的朋友，朋友穿的那件衣服我也要跟她一样，商量好一起穿，看到对方我们好开心；我们开始追星，开始崇拜偶像，按照她们的穿衣风格打扮自己；我们开始追求独特，就是要跟别人不一样才好，看到同样的衣服被另一个人穿着很难看，回家立马把自己的那件丢掉。

仔细回想，这不就是自我成长的一个最好印记吗？我们不断地寻找适合我们自己的衣服，就是在不断地寻找更好的自己！

2.5 每个场合都是最好的表达

朋友曾经向我抱怨过一件事，多年以前她不懂场合需求，总是穿最贵的品牌衣服去应付。某一天，老板跟她开完会，并强调了第二天晚宴的重要性，然后语重心长地跟她说了一句："希望你明天重视一下这个场合，穿点好衣服参加！"朋友听到，顿时语塞，内心想：我穿得大衣品牌已经是 MaxMara 了，还想怎样？可是她不知道，她穿上 MaxMara 大衣真的很像一只熊。

穿好衣服去参加，其实并不意味着要穿多么昂贵的名牌去。名牌穿得如果很吻合气质，在场合中就会有"范儿"又有谈资；名牌如果穿在身上像是借来的，只能被其他人诟病。每个场合都有固定的穿衣法则和需要适应的场合氛围，对于一个经常出入不同场合的人，学好场合着装规范是第一要务，不然还不如不参加。

有一次我被邀请去参加一位经济学博士的家宴，我选择了一条很优雅的适度宽松的系带连衣裙。当我到了博士家里时，博士的太太满脸笑容地迎接了我，并且在晚餐时让我坐到她身边。其中有两位女性穿了比较性感时尚的小礼服来参加，在聊天时知道我是做形象管理的，对我当天的形象甚是不屑。她们不知道参加家宴，要懂得尊重主人，而且舒适大方才是家宴着装的基本要求。所以整个晚上，博士太太一直都在跟我聊天，我们谈得非常愉快，而两位艳丽的女士一直都不知道为何受到了冷落。

穿出去的是衣服，留给别人的是印象。因为人都是有社会属性的，要与他人相处，与别人合作，衣着外表是人们最先看到的。想要给对方留下好印象，就要穿出衣服的美感。而衣着的美感从何而来？不只是要看穿着者的风格，或者是看衣服与肤色、身材配得好不好，而更重要的是衣着与环境是否协调。这也就是服装搭配的TOP原则，具体如下：

T（time）： 代表时间、时节、时代；

O（occasion）： 代表目的、对象；

P（place）： 代表地点、职位、场合。

对于大多数需要坐办公室的女性来说，白天的时间几乎都是要交给工作的，这个时候衣着最好能体现自己的专业性，比如艺术工作者和谈业务的人其专业性透过着装可见一斑。同时，应该考虑到自身的穿着感受，否则一整天将会很难熬。而回到家换掉工作装或与朋友出去玩的时候，时间就可以由自己掌控了，这个时候的衣着要能表现自己的风格，让身体舒展，让身体的每一个部位都自由。棉质、宽松的、颜色夸张的服装可以尽情穿。

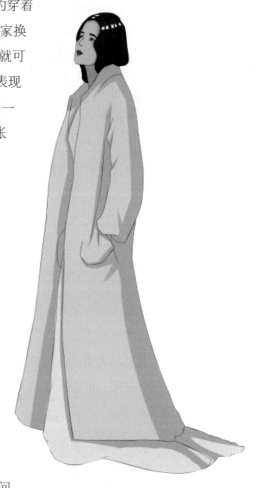

你不能穿着高跟鞋去爬山，也不能穿着超短裤露脐装去寺庙，这就是着装的目的原则。我们的衣着应该考虑到与场合协调，开会时穿黑/白/灰色正装，这不仅是对会议的尊重，也是因为正装能让自己的精神面貌看起来更好。而外出游玩或与朋友聚会时，衣服应该以轻松、舒适为主。在欢乐氛围下，如果你穿着严肃的正装就会显得不合时宜，你自己也会感到尴尬。

去古老的城市如果穿得太新潮会显得扎眼，而穿着棉布长裙在车流霓虹间穿梭也会不得体，这就是服装的地点原则。不遵循着装地点的穿衣方式，在某种程度上就是低情商的表现。出门旅游，如果不尊重当地的衣着习惯，毫无疑问是在展示自己的外来者身份。更有甚者会因为不得体的装扮为自己招来祸端。

对的衣服出现在对的时间、地点和场合，才会让自己看起来大方得体、形象满分。因为懂得协调衣着与环境的人，必然是懂得形象管理的人，也一定是情商、衣品都不低的人。这样的人，形象怎么会差呢？

2.6 为伟大的梦想而穿衣装扮

你想成为什么样子，就先穿成那个样子。而我们想成为的样子，不就是我们每个人的梦想吗？但是请记住，梦想不是脑海里闪过一个念头就算了，而是将念头仔细思考后，有计划有步骤地实施行动。所以有梦想的人大部分都成功了，像阿里巴巴的墙上就写着一句话："梦想是要有的，万一哪天它就实现了！"

而这个万一实现的伟大梦想，是需要有布局的，穿衣理所应当成为这个布局的一部分。在我们去追逐梦想的时候，一定要让自己斗志昂扬，充满信心，还要行动敏捷，积极灵活，更要杀伐决断，思维缜密。这时候所穿的衣服颜色很关键，因为颜色直接对应行动。看一下马云，他在创建阿里巴巴时所穿的是各种颜色的毛衫和T恤。颜色对应的语言，是我们要好好学习的。

红色——带来笃定、自信；

橙色——带来幸福、创造力；

黄色——提升个人影响力；

绿色——让身心平衡；

蓝色——提升沟通和组织能力；

青色——加强逻辑性和缜密度；

紫色——带来智慧和灵气。

关于每一种色彩的语言和能量，我们会在后面的章节进行讲解。运用好这些色彩对自己的形象进行管理，会起到事半功倍的效果。曾经有一则故事引发了我们

很多人的思考，说的是一位潦倒的男士，听了一堂励志课后，用最后的信用贷款买了一套 HUGO BOSS 的西服套装。当他换上这套衣服后，镜子前显然就是一位成功者的形象，他给自己鼓了鼓劲，说："这才是你本真的样子，加油，好好干，你可以的。"他靠着这套"战衣"说服了合作伙伴，让每一个跟他接触的人因看到他的形象而产生了信任。短短一个月，他实现了自己定下的目标，并且为自己的衣橱定制了更多更有品质的衣服。他明白，每当穿上它们，他已然成为他想成为的样子。

2.7 每次登场都是闪耀的明星

Chanel 女士曾说过，"你必须时刻保持精致，说不定下一刻你就会遇到生命中最重要的那个人。"那是在她的那个年代里对精致的追求。而在互联网的时代，偶遇的机会大大减少，每一次重要的见面都是提前预约的。这就让我们有了更多的机会，那就是在每次亮相前都做一次精心的策划，每次登场都是最让人信服和欣赏的人。

这会为你的人际关系和社交带来更精准的定位。想一下我们自己在看别人时，不就是在最初的那一刻已经定义了这个人的身份、地位、性格、爱好等因素了吗？所以第一印象法则告诉我们一条颠扑不破的真理，我们必须在最紧要的关头先通过外在形象让人们认可并喜欢你，这样才有后来的一切可能。

这是一个两分钟的世界，你只有一分钟告诉人们你是谁，另一分钟让他们喜欢你。

——罗伯特·庞德

要想每次出场都是得体的、高级的，质感尤为重要。有质感的人，对事物有准确的认知，有高超的表达能力，有很好的悟性与涵养，等等，能体现出耐人寻味的韵味来。一件衣服的质感也是如此，它会影响穿着者的舒适感与呈现的品质感。

我们所说的质感，并不是说一定要去买最奢华的绫罗绸缎或毛呢皮草才叫高级。好的棉麻，一样能呈现出天然的好质感。最影响一件衣服的品质感的因素，面料是首选。面料的色、形、质，会对服装产生至关重要的影响。真丝是可以体现质感的，它就像一个质感通透的女子，看起来缥缈梦幻，柔美中不缺乏动感。针织面料或天然的棉麻材质也会给人亲切自然之感。而毛呢手感柔软，高雅挺括，富有弹性，保暖性强，品质极佳。当然，不仅仅在面料上，好衣服还需要看设计、裁剪、做工和细节。

　　多数人买衣服最先关注的往往是品相，买了一些空有品相没有质感的衣服之后，才知道光有品相的衣服，未必就是好衣服。品质感不好的衣服，不仅穿起来别扭，感觉上差三分，搭配之后的效果，还总是有点四不像。而品质感好的衣服，只需要简约的设计，就能让你看起来很有格调，穿出去也总是能成为别人欣赏的对象。所以先从质感开始吧。

2.8 随便开始的一天总是让人郁闷

你有没有过早上因为太匆忙，随便抓起一件衣服套在身上就出门的经历？出门后才发现这件衣服好皱啊；这件衣服忘了它的皮带放哪里了；上下衣服颜色搭配的好丑啊；这件衣服现在怎么那么紧；这条裙子怎么变短了……OK，为时已晚，回家换是不可能了。于是这一整天你都觉得很别扭，站着吧，满身是皱的衣服真是难看，坐着吧，裙子太短感觉好糗。而且这一天最怕领导找，最怕朋友约，最怕见客户……只盼着这一天赶紧过去。

郝老师曾经给我讲过她错失大单的一件事情，因为早上睡得比较迷糊，没想太多，随便穿了一件衣服就去公司了。大领导满面春风地从办公室走到她面前，本来想跟她说点什么，看到她那天的装扮后愣了下神，转身走到了同事那里，让同事去接待一下马上到楼下的客户。后来同事简直是乐不可支的状态出现在了她面前，告诉她拿下了这个客户一整年上百万的大单。郝老师简直懊恼至极，就因为一时的穿衣疏忽，天上掉下的一笔大单眼睁睁飞走了。

2.9 墨菲定律一定发生在穿衣糟糕的时候

抱歉，怎么会有墨菲定律这回事呢！而且刚巧发生在你穿衣最糟糕，形象最不堪的时候。本来想，就是下楼扔个垃圾，却偏偏碰到了小区里那个让人愉悦的帅哥。本来大晚上穿个短裤 T 恤去超市买酸奶，进门就撞到了自己的重要客户。周末陪孩子去学个特长穿得比较随意，恰恰就碰到学校拍视频做宣传。还有被上司叫去的时刻，说公司新来的同事，而这个同事正好是你的初恋。天哪，真想让自己消失一会！

2.10 你每天都漂亮，一生都是漂亮的

我每天早起后会做 15 分钟的呼吸运动，然后洗头发吹头发，敷面膜化妆。有人曾经问我每天这一通折腾，累不累呢，我的回答是很享受！十几分钟的呼吸运动让你的整个身体得到了舒展，每个细胞都睁开了眼睛，精力充沛。秀发的清爽和淡淡香气会一直萦绕你周围，让你保持头脑清晰，心情愉悦。敷面膜的同时可以为自己准备好早餐，让肌肤和味蕾都受益。而化妆的时候是自己与自己对话的时刻：你好漂亮，精神不错，皮肤很有光泽……最后，为自己搭配一套衣服，镜子面前出现的这个人儿熠熠生辉，自信满满，我每天的好运气就这样开始了。

但经常有人说自己太忙了，要上班、要带孩子、要做家务……其实这都是借口。"贝嫂"够忙了吧，她自己的服装品牌经营得很成功，拥有大家都羡慕的老公和四个孩子，可以说是大家眼中的"人生赢家"了。但这背后付出了多少努力，可能我们看过"贝嫂"的一些生活图片就知道了。

我一直相信一句话，你怎么过一天，就会怎么过一生。我们现在没做的事，等我们真的有空了，不用上班了、不要带孩子了、不要做家务了……也照样不会做。

　　而那些每天都能保持好形象的人，在其他方面也会做得很到位。因为他们通过强大的自我管理，收获的不只是好身材、好气质，更重要的是对自己的信心，是追求更好生活的热情。所以你每天都漂亮，你的一生也将是漂亮的。

第 3 章

魔镜魔镜我爱你

小时候照镜子我就在想，我能不能越照越好看呢？

有一段时间越来越不爱照镜子，因为总是看到自己不好的地方。

而现在，每天早晚坐在梳妆镜前，都是我最开心的时刻。

期盼—评判—重新认知—接纳，照镜子竟然照出了我们成长的整个路径。

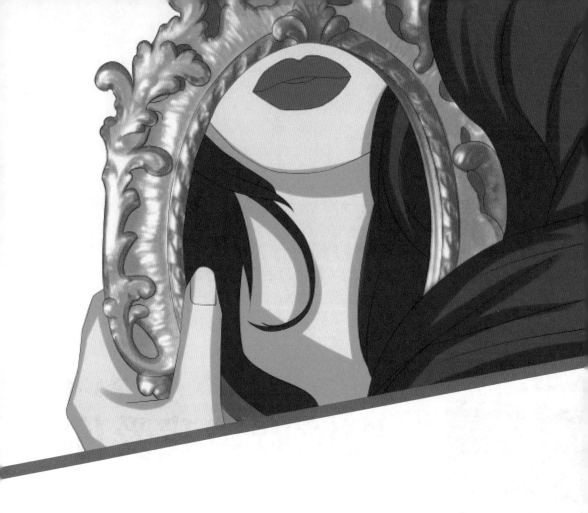

3.1 学会用镜子照出美丽的自己

　　提到镜子我们大家都不陌生，但是，你会照镜子吗？我们生活当中应该有几面镜子会比较好呢？如果是纯粹用来照我们自己的话，我想大概需要这么几面，一面是落地的，能够照到你全身，甚至是你要为这面镜子的对面再安装一面镜子。因为你可以从这面镜子反射到后面，看到你背影的形象。这会让你的整体型象在任何时候都不会出错。另外的一面镜子可以是梳妆台前的半身镜，这面半身镜可以让你仔细地端详自己在镜中的肤色、发型以及颈部状态，让你每天有时间坐在梳妆台前跟自己说说话，或是享受每天对自己仔细描画和装扮的时刻，这种时刻非常重要。

当然还离不开你包包里的化妆镜，它是随时随地提醒你关注自己的形象，给自己自信和监测的镜子，比如为自己涂上最衬肤色的口红，查看一下眼妆有没有晕染。

3.2 照镜子的时候你在想什么

在我的课堂上也有照镜子这个环节，当学员们站在镜子面前时，有的说："我的个子比较矮，腿短又不直。"有个学员立马捏起肚皮上的肉："你看看我肚子上这些游泳圈啊！""不管怎样，你们至少有胸啊，你看看我这平胸怎么办啊，一点女人味也没有。""别提胸了，我这胸是比较丰满，可是显得虎背腰圆的，穿什么都看着又壮又圆。"……stop!stop!stop! 每当这时，我都不得不大声喊停。"你们大家是来参加'自黑'大会的吗？"

其实，不论是什么时候照镜子，我们身边大部分人都会只盯着自己的缺点看，甚至不放过自己脸上冒出的一颗小痘痘，一丝小细纹。而就是因为这些自我认为的缺点毁掉了你的自信，毁掉了你的好心情。照镜子成为一件

既想又怕的事情，镜子先生的尴尬由此产生。

镜子先生的自述："每当我欣喜地迎接我的主人来到我面前，总想把她最好的样子真实地呈现出来。本来她从远处走过来时还是开心的，走近了就开始挑剔起自己的不好之处，贴得我越近越不满，满脸哭丧，甚至还气冲冲地要打我。我真的不明白，你皮肤那么好，干吗老盯着偶尔冒出来的小痘痘。脸上的皱纹是很性感的，你的成长都是她在记录着。你虽然不高，但是身材凹凸有致，多么小巧玲珑的女生啊。我真的想让你们通过我看到自己是多么美，你有那么多优点，为什么总盯着那一点点小瑕疵呢？"

3.3 你如何评价自己的形象

找到一面镜子，最好是你经常用的，放一首悠扬舒缓的音乐，坐下来。你在镜子中看到了什么？是发现了自己的某个五官特征？还是有喜悦或忧伤的情绪？或是想到了之前的自己？不管是什么，我希望你能拿起笔，把它记录下来，立刻马上，并且真实地面对。记录下你所看到的和感觉到的，因为它将帮助你真切地认识自己。

01

02

03

3.4 你想塑造怎样的一个自己呢

我的朋友菲是做广告创意工作的，平时都是联络明星到我这里做造型，自己只是在幕后辛勤地工作。前几周，菲收到一家电视媒体的邀约，要去参加她们的访谈。我和我的团队成了她的电视形象造型者，将其打造成了名媛范儿。当她看到镜中的自己时是那么兴奋不已，平时走路拖拖拉拉的习惯竟然一下变得昂首阔步、娉婷婀娜。那次的电视采访让菲像一个明星一样，一点都不逊色。现场的人也完全感受到了菲的光彩，沉浸在她的成功和美好里。

电视节目造型是人们生活中少有的特殊情况，但是在每天照镜子时，你都可以采用相同的心态，学着喜爱你在镜子中看到的一切。

你想塑造一个怎样的自己？

01

02

03

3.5 让你自己最满意的地方是

记得有一年在北方某城市讲课，其中有一个大连的女孩子，本身是那种身材高挑、皮肤白皙、五官分明的人。但是她整体表现出来的都是不够自信。后来通过与她交流后，才发现原来是她妈妈对她要求太高，总是说她这里有问题那里不好看，于是她从小就觉得自己哪里都不够好。当我们用照镜子的方式让她看到自己，重新

认识自己，发掘了很多她的优点并给予肯定后，她竟然潸然泪下，说："我竟然不知道我有那么多优点。"

两年之后去大连出差，她知道后一定要去看我。当她远远地走过来，我竟然有些恍惚，以为是哪位明星。她给了我一个大大的拥抱，笑靥如花地说："徐老师，真的感谢当年你带给我的美丽启发，让我认识到自己的美在哪里，而且学会了通过发掘自己的优势，通过合适的装扮手法将自己的这种美展现出来，关键是在这个过程中自信油然而生了。"

写出你的优点吧：

01

02

03

3.6 你对自己哪里最不满意

尽管打扮要从优点开始，但是了解自己的缺点也尤为重要，这样就可以很好地扬长避短。你所看到的那些明星也好，博主也好，真正完美的没有几个。不管是美丽的面容还是魔鬼般的身材，没有一个不是通过扬长避短的打造法最终呈现出来的。所以最终呈现出来的结果最重要，我们应该学会在过程中让自己一步步趋于完美。而镜子的妙处就在于，它能瞬间反射出你的样子。而当发生变化时，你会感到兴奋不已。

在我打造客户的过程中，都会有最后让她走到镜子面前的时刻，他们往往会睁大了眼睛，或者是完全沉浸在自我欣赏的状态里，那种瞬间蜕变的状态我至今历历在目。你也会在此刻感受到他们瞬间燃起的正能量，并深深地被滋养。而在他们内心感受到的喜悦跟他们看到的美之间，有一种相互作用。它好像一面巨大的镜子，让正能量在四周不停地跳跃、反射。

写出你不满意的地方吧：

01

02

03

3.7 生活中最重要的一面镜子是以人为镜

除了照这些硬邦邦的镜子，你有没有想过以人为镜呢？美国的哈佛大学曾经做过这样一个实验，让一些人先做一下自我形象的评价，之后再让其他人真诚地做出评价。结果发现：大部分人认为的自己的样子和别人眼中的样子竟然天壤之别。后来在我的课堂中我也加入了这个小实验，惊奇地发现有些学员自我评价是小女人，但是大家却觉得她像女汉子。也有一些学员说自己是比较利落的，但在别人眼里却觉得她有点邋遢。还有一些人说自己是小可爱，但其他人却感觉她是气场强大的厉害角色。每次实验中，大家都会慢慢瞪大了眼睛，张开了嘴巴，惊讶程度可想而知。

在这个过程中产生认知不一致的根本原因就是穿着的服装款式和颜色等的因素。"服饰是第一种语言，任何的款式也好，色彩也好，还有图案都是具有自己的表达含义的。这些点点滴滴的元素不自觉地在诉说着你是怎样一个人，以色彩为例，总是穿大红色的人内心一定很火热，做事比较积极，但是一定是个暴脾气；总是穿白色的人对什么事情都有一定的要求，不喜欢将就，但也相对的比较自我。"

3.8 你的闺密或朋友都是如何评价你的

在以人为镜的过程中，大家需要警惕的一点是"闺密镜"，现在请你想一下有没有和闺密或者很熟悉你的朋友逛街的经历？往往这种时间不是买不上衣服就是买了一堆，回家却发现衣橱里全都是这种衣服。因为她们总是按照你的习惯以及她们自己的喜好来帮你去做选择，她喜欢的你不喜欢就买不上，你习惯性地选择的类型她就认同，结果就是形象没有任何提升和进步。所以百分之九十的由亲密的好朋友陪伴买来的衣服是不适合的，在逛街这件事情上如果想做一个正确的决定，建议你自己冷静地去选择。有了一个准确的自我认知之后，到商场里选择适合自己的衣物时，就能不再受导购蛊惑，可能会为你省下不少银子。

还有需要警惕的就是生活中那些消极的"人镜"，他们要么是曾经轻视过你的人，要么是那些总让你感觉低他一等的人，还有一些爱嫉妒的朋友。那些让你自我感觉不好的人，就好像是不良的镜子，或者是倾斜度不当的镜子，让你看上去比实际要矮很多。她们会让你泄气，还会伤害到你的自尊。所以最好是选择围绕在你身边的朋友，让他们作为你的"人镜"，一是她能够准确地反映出你是什么样的人，二是她看待你的方式与你自己是一样的。

3.9 你的父母和另一半是怎么形容你的

在现实生活中，你会发现很多条件很好的人却有着深深的自卑感，而一些很普通的人却自信满满。这种自信的差别就源于我们小时候的家庭，小时候父母对你的鼓励比较多，你就会奠定天然的一个自信基础。如果父母比较挑剔，总是采用打击式教育的话，你可能从小就会缺乏一些自信。但是这种自信并不是源自你对自己有深刻的认知，明确知道自己有什么而得来的自信，而是我们的原生家庭给我们带来的。所以自身条件并不是很好，但却想能够非常自信地去展现自己的人，需要调整的就是服饰语言的准确性，不要迷信大品牌，要相信专业，尊重自我。还有一些人本来条件很好，却总是不自信，这部分人就必须破除掉原有的信念系统，重新认知自己，肯定自己，跟随正确的引导。

我看到过很多女人在所爱的人这面"镜子"提出的"建议"或"愚见"面前，是多么失望和没有安全感。我们习惯于相信亲密爱人和家人的意见，但要知道，角度会扭曲或改变镜像，这一点切记切记。希望我们的另一半一定要说成就对方的话，多多赞美才会让你们关系更和谐，也会让另一半真的越来越棒。

3.10 第一次见面的陌生人会如何评价你

在我的形象课程开始时，我总会跟大家玩一个小游戏，让每个人都写下自己对自己形象评价的 3 ～ 5 个形容词。然后邀请现场互不认识的 3 ～ 5 对人，面对面站立，彼此给对方 3 ～ 5 个形容词的评价。如，A 小姐形容 B 小姐"大方、朴素、亲和"，B 小姐回复 A 小姐"也很大方、有点严肃、像个老师"，C 小姐说 D 小姐"感觉很厉害、很能干、比较强势"，D 小姐形容 C 小姐"像个乖乖女、好学生、没长大"……同时我也会让在场的每个人写下对台上的人的评价。当我们拿到台上

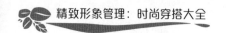

的人的自我评价和现场其他人的人给出的形象形容对照时，结果却大相径庭。

这让很多人都大吃一惊，原来自己所经营的自我形象竟是一厢情愿。希望自己优雅一些，穿了条碎花裙子，却被形容成朴素；希望自己干练一些，穿了件闪光的连衣裙，却被形容成强势；希望自己年轻时尚一些，却被说长不大，没有信任感。我们说过，形象是一种自我表达，你穿了什么跟说了什么都是在传达你这个人的方方面面。而这种偏差就告诉了你，你传达了错误的信息。

很多人选择的造型并不适合自己。形象并不是雇用一个时尚顾问帮你挑衣服，或者往衣橱里塞满设计师的样品，尽管有些商场、杂志或现实已经让你这么认为了。但是实际上你有形象了吗？其实你只需要一点点指导和调整就好了。

3.11 爱上镜子里的自己

现在大家一定都知道了，探索、改善形象最好的方法之一，就是照照生活中多种多样的镜子。我们也说过形象是我们对世界的无声表达，是把自己的全部通过外在形象而呈现出来。由于形象绝大部分来源于清晰而准确的自我表达，所以让自己的身体与形象风格一致也是一种能力。在制订一份可行的形象发展计划之前，你必须能够接受自己。

变美是从欣赏自己开始的，因为终极的美丽必定是自信的外在呈现。所有的身材缺陷也好，肤色气质也好，都可以找到相对应的穿衣搭配方式去协调和改善。你所见到的那些完美身材的女性不过是比你更懂得装扮自己而已，记住这一点才会掀开新的篇章。

3.12 自信从与镜子对话开始

因此，那些自己感觉真实又能引发别人共鸣的形象才是我们所要追求的。不过形象并不等同于最新的流行趋势或最闪耀的大品牌。形象是一种自我表达，时尚也好，美丽也罢，都是帮助你与这个世界沟通的诸多工具之一。要善于通过形象这一视觉语言，表达你的一切。但形象不只是身体方面的，它跟你的整个生活密切相关。

那么我们每天照镜子的时间就显得尤为重要，我们需要在镜子面前检阅自己并给自己按下确认键。

01 我是优雅的、年轻的、知性的、可爱的、睿智的、大气的、性感的……

02 我表达出了……

03 我什么都可以做好

04 我的身材看起来越来越棒了

05 镜中的我好漂亮啊

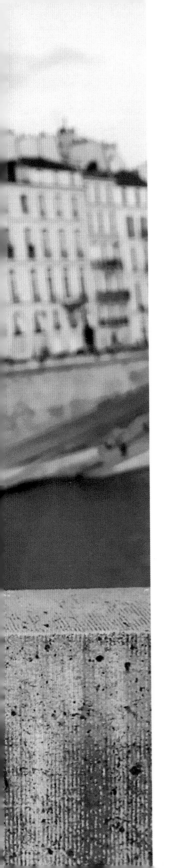

第 4 章
我的风格地图

衣服不是为了让人变成另外一个模样，而是帮助你成为你自己。

而穿衣风格则特别好地诠释了内心的时尚。

对于一个成熟女性来说，吸引人的是自信，还有年龄与风格渐成的内心态度。

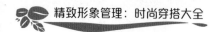

4.1 风格是一个人灵魂的显化方式

这是一个追求个性的时代，我们总想用与众不同展现自己的独特。各种衣服换来换去，不同的颜色在头发上染来染去，什么流行就追求什么。打开衣橱，你有一种不同风格乱七八糟的既视感：前些年的日韩风潮，随处都见到穿成小女人、卡哇伊的女子；近几年的欧美风，又让街头满是宽大服装、硬朗线条的女人；波希米亚风刮起，全部穿起了艳丽色彩、民族图案的大长裙；时下的中国风，所有人又都穿上了带刺绣的宽衣长袍。所谓的个性早已被各种流行风潮所绑架，何谈独特。

Chanel 女士早就告诉过我们，"潮流易逝，风格永存"。她用简洁舒适而又独特的 H 形线条创造了一个时尚帝国，而她自己终其一生也是这类风格的拥趸者。提到她，就会有带着层叠珍珠、穿着三件套 H 形剪裁套装的形象出现在我们脑海里。还有奥黛丽·赫本的白衬衣搭配伞裙和凸显身材的小黑裙，永远是时尚史的经典。而当年把美国时尚调性大大提高的第一夫人杰奎琳，她那色彩明快的套装搭配药盒帽的造型已经成为人们心中永不落幕的高雅典范。不管是伟大的设计师还是耀眼的明星，特别是政界和皇室，他们总会用一种自己最擅长的风格去打造自己的形象，深化这种形象，从而植入每个人的内心，成为永恒。

可见风格才是保证你个性的根本，我们可以用自己独特的风格塑造我们在他人心目中的形象，只要提起你，首先就会有一个一致的形象。它是一张名片，印着你的基本信息；它是一种表白，传达着你的性格特质；它是一个人灵魂的显化方式，透露着你的内心世界！

4.2 在人生的舞台上演绎自己而不是成为别人

在寻找自我风格的路上，很多小伙伴用的方法都是模仿，模仿某个明星，模仿某个偶像，或者是模仿身边某位朋友。有没有仔细想过，你跟你的模仿对象长得一样吗？身材一样吗？肤色一样吗？我知道回答基本是 NO！幸运的一种是模仿对象的风格和你类似，所以有时你的形象还不错；不幸的会偏多，就是花了大价钱买来的同款衣服穿在身上却不像自己的。

近几年，不管是电视、电影还是真人秀，大家都在为角色设定一个人设，而个人风格的打造就是奠定人设的一个基础。想一下我们所喜欢的那些剧中女主角，除了颜值担当、演技在线，更重要的是她的穿着所呈现出来的形象就是剧本原型的展现。都市精英型的女主角往往会以干练的西装外套、剪裁利落的廓形让我们感受到她的睿智和干练，白富美型的小姐姐往往是名牌皮草加身，体现又豪气又任性的特点。如果我们把皮草穿在精英女性身上让她每天出入职场，把西装套装穿在白富美身上让她在 PARTY 上跳舞，你一定会感到深深的分裂感。所以，让我们入戏的，让我们喜爱的角色，都是在这个剧中演绎最真实自己的人。

如果把我们这一生浓缩成一部电视剧或电影，你作为导演、编剧和主演，会为自己的这个人设打造一种什么样的风格呢？我想现在你会回答，打造一种像自己的风格。恭喜你，因为在人生的舞台上我们演绎的永远是自己，而非他人。

4.3 你本来就是一位欧美风的女王

朋友英子一直信奉："要想把自己嫁出去，就要打扮成可人的柔弱女子的形象。"尽管我跟她说过无数次她不适合这种小女人装扮，她却只是把我这个朋友的建议当成职业病泛滥，人往往最难听进去亲近人的建议，你懂得。所以多年以来，各种花色、各种能让她认为很像女人中的女人的衣服充斥在衣橱中。为了让自己找的另一半更加有档次，各种衣服也是越买越贵。无奈的是，蹉跎到奔四的年纪了，那个白马王子还是没有出现。这让英子倍感焦虑，脾气越来越不好，为了散心来到我的城市小住一下。在这期间，她见到了我最好的两个闺密。一个是人群中的绝对妖艳女性，连女人都会被迷住的那种，知道自己有什么，要什么，早早确立了自己独特的风格，走到哪里都是一道无法被忽视的风景。她第一次见英子就说："天哪！我要是有你这172的身高和这霸气的五官，整个城市都是我的！"英子听了这话自然乐不可支，可她不知道闺密私下说，你怎么也不帮她打扮一下啊，穿得像"村姑"。另一位闺密是出了名的"毒舌"，见到英子毫不客气，瞟了两眼直接就说："你们是朋友？"英子应和着。"真不像！萌的朋友哪个不是形象气质俱佳啊，你看起来也不丑，就是这花花绿绿的小媳妇装扮，跟你这种气质的五官太不搭了。"英子听后脸直接挂不住了，回家路上一直问我是不是要改变一下形象。这次我也没再客气，直指她的问题所在。

英子是典型的高个子，有着大气又略带硬朗的五官线条，整体非常有欧美明星范儿。但是她却总是把自己往相反的方向去穿衣，自己想要的女人味没出来，反而让上万元的衣服在身上毫无价值可言。我细细地帮她分析了她的五官，找了欧美的一些明星五官状态和穿衣风格，给她做比对研究。当我们再次去商场的时候，我帮她选择的都是一些剪裁利落干练、简单大气的服装。虽然开始的时候她拿着衣服看来看去，问了我一次又一次，这不是太没女人味了吗？我都很有耐心地鼓励她，穿上再说。虽然她从试衣间走出来的时候还是极度不自信不确定的表情，但是当眼睛看到镜子的那一刻，眼里的小惊喜已经被我捕捉到。"天哪！我从来没穿过这类衣服，真的蛮好看的。之前这衣服挂在那里我是连看都不会看一眼的，更别说尝试了。"她自己不住地在镜子前转过来转过去地看，大概自己都没想到自己应该是这样的一种风格。我走到她身边，告诉她："亲爱的，你本来就是一位欧美风的女王！"

4.4 仙女降落到人间该穿什么

"仙"这个字来自中国的古代神话，按神话意思是天上或者某个山里住着一群拥有长生不老能力的人，仙女便是他们中的美丽女性。仙女在书中或影视剧里呈现出端庄婉约、柔美轻盈、长带飘飘的形象，色彩或纯白或柔和。当我们在生活中看到这种形象的女子时，瞬间有种与现实世界脱离的感觉，把我们带入另一种世界。当然，碰到这类女子的概率并不是很大，一是因为本身数量少，二是不知道自己更适合仙女风而穿成了潮女或其他风格。

不过周边环境里把自己 Cosplay 成仙女的倒是大有人在，只是衣服和人组合在一起总有种衣不对人的感觉。

瑶瑶是我公司的行政，刚到公司时，由于胖胖的身材，总是喜欢穿宽松肥大的衣服。小小年纪，给人一种中年妇女的视觉感。在一次公司聚餐的时候，轮到她发言，老半天她才支支吾吾地说，"自从进了公司，看到同事一个个都这么美，觉得跟大家在一起抬不起头来。其实当初来应聘，就是因为看到我们是一家形象公司，希望能来这里让自己也改变一下。"同事们都说，为什么不早说呢，这是我们的专长。随即大家就开始研究如何打造瑶瑶，有的人说穿什么衣服能遮肚子，有的人说穿什么颜色能让她显瘦。我说："瑶瑶是难得一见的小仙女，把她往仙女方向打造吧！"同事们瞬间惊呼起来，感觉要有一个重大变身行动了。

当我们为瑶瑶做了稍微卷曲的发型，换上柔和颜色的荷叶袖衬衫，搭配仙女范

儿十足的白色蕾丝裙后，奇迹发生了，那个矮胖的小妞瞬间成了身材凹凸有致，气质高雅，女性特质浓郁，自信又有一丝害羞的小仙女一枚。从此，办公室里多了一位仙气十足的女子，你总能看到她笑靥如花，裙摆飘飘。

4.5 穿出帅性利落的廓形之美

有一种服装呈现在身上的美，犹如建筑。极简的设计、利落的线条、没有丝毫的多余。它让女人穿上之后可以更加清晰明朗地表达自己的态度，可以更加独立地行走在社会中。从 Chanel 的三件套到 YSL 的"吸烟装"，我们看到的不仅是一套套服饰，更多的是女性独立自主的进步史，把女性的刚毅和柔情展现得恰到好处。

这类风格这两年很受欢迎，看似简单，其实真正穿好也不容易。不是穿成男士的样子就能够有帅性之美，而是一种更加高级的穿搭方式，又或者说它更能呈现那些有深刻内涵女性想要体现出来的风格。

1990s

随意 + 恰到好处的性感 = 值得品味的女人

4.6 中性和女性化元素相平衡

　　柔顺的，但绝不是柔弱的；男孩子气的，但不是男性化的；有香味的，但不是媚俗的香气。不刻意强调阳刚气场，而是在穿着上赋予女性更多元化的选择。在这个搭配公式里，女性化和男性气质的单品是通用的。红唇和西装并存，优雅和帅气共处。所以，适合几乎所有人的穿搭方式，是将中性元素和女性化元素相结合，加以平衡，既有率性洒脱，又不失女性气质。

　　比如在温柔优雅的真丝连衣裙上，套一件青春休闲的大卫衣，或是考究挺括的西装，再搭双运动鞋，就能穿出柔美帅性兼具的感觉。

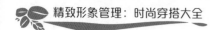

4.7 宽松但不拖沓

　　宽松的板型是始终逃不开的，但宽松一定要跟拖沓划清界限，再宽松的衣服也得要求独立的优良板型。就像我们最常穿的衬衫，尤其是这两年流行的 oversize 的廓形，就一定要立体有型，才能达到理想的 oversize 的造型。大廓形西装也是不错的选择，这种强调力量感肩线的外套一般都是宽大的，因为立体的造型而远离了拖沓，但在搭配方面要避免造型感太强和体积过大的单品。

及地阔腿裤很容易显腿长，但搭配不好，也更容易显得拖沓。最简单的方法是强调腰线，无论你是选择超短上衣，还是将上衣塞进去，都很好驾驭。

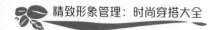

4.8 媚而不露

暴露皮肤一不小心就会造成妖媚诱惑的惨状，保持永远的清冷和青春才是最吸引人的，所以露一定要露得有技巧。首先要露对地方，除了露手臂和双腿，还可以露出肩部和锁骨，身材好的人腹部也可以任性露，而其实露后背才是最高级和最有风情的。露胸前皮肤也很常见，但一定要掌握好度，尤其是 C Cup 及以上的。其次是要明白，如果有一个部位裸露面积较大，那其他部位就尽量不要再大面积裸露了，到处暴露很容易失掉质感。

4.9 简洁高级不硬凹

　　率性洒脱，爱自由的人，因此不会愿意为自己打造太过繁杂和刻意的造型，简洁高级就很能凸显气质。最日常的是衬衫配西裤，但每一件单品都应是经得起推敲的，从面料到设计，简单不代表随便。总之，单品高级、搭配简洁才是王道。

　　穿出帅性利落的廓形之美不是为了像男人，而是为了更像女人中的女人，值得品味。

4.10 体验蜿蜒流转的剪裁在身上流动

美和气质有千万种形容词，例如可爱、性感、妩媚等，然而它们都敌不过一个"仙"字。"螓首蛾眉，巧笑倩兮，美目盼兮"，如何修炼成"仙"？有一类服装穿上之后就自带仙范儿，如梦如幻，似梦游仙境。它在华伦天奴的秀场上经常呈现，也在近两年的 T 台上大量流行。穿上它，能够感受自己身为女人的荣幸，极致女性的味道在蜿蜒流转的线条间铺洒开来。

4.11 白色最容易穿出"仙"气

　　白色在中性色中明度偏高，大面积地穿白色，会让造型有种"自带反光板"的感觉，身边都萦绕一圈光环，很容易营造出"仙"气。因此我们看到的影像中，仙女们几乎都是一袭白衣。

4.12 柔纱质感不可或缺

纱裙具有飘飘的质感，对身材的包容性也很大，稍加一些搭配技巧，就可以穿出仙女的气质。我们经常可以在 T 台上看到仙女风的元素，模特脚下生风，仙气扑面而来。除了一身纱质连衣裙，最轻松简单的仙气搭配就属 T 恤 / 衬衫 + 半身纱裙了。T 恤和衬衫是夏天必备的单品，在纱裙飘飘质感的加持下，减龄效果直线增加。

4.13 柔和色彩带来的印象

柔和的色彩也被称为莫兰迪色。莫兰迪色系，简单来说就是在色彩中加入灰调和白调，色彩看起来更加淡雅，这类色系不论怎样穿都会特别好看。常见的莫兰迪色系有烟粉色系、雾霾蓝色系、橄榄绿色系、奶茶色系、大地色系，还有高级灰色系等。虽然是"灰蒙蒙"的一片，却显得相当高级，而且基本不挑长相，适合大多数人。日常上班、约会，都可以选择它。逛街时，高级搭配让你在人群中一秒被定格，你就是一枚众人眼中的小仙女啦。

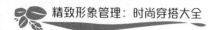

4.14 花朵荷叶边

荷叶边加碎花的搭配，看上去也是很悠闲惬意的旅行仙女范儿，无论裙摆长短，只要够飘逸，就能够撑得起"仙范儿"了。

当微风袭来，裙摆飞扬，仿佛置身于尘世之外，人世间所有繁杂都能忘却；当柔软顺滑的材质将我们的身体包围，仿佛投入爱人的怀抱，温情而又浪漫；当花朵和温柔的颜色尽情晕染，内心的柔软和爱也会肆意蔓延。

4.15 女神和少女之别

如果你仔细留意时尚圈，会发现有两类人群特别受宠。一类是精灵系少女，十几年如一日的绝世美颜，灵气闪现不食人间烟火，称为被上帝亲吻过的面颊；一类是安吉丽娜·朱莉式的霸气、性感、气场强大的女神，只要她们出现，全世界都为之开路。

　　她们在面容上有很大的区别，少女般的面庞五官非常集中，而女神级的面庞则是张力十足。少女自然要向着青春洋溢的方向去装扮，女神必然要走向大气场的强大阵容。不可逾越，才能让世界更加明朗清晰，美丽多姿。

第 5 章
风格数据学

大数据盛行的年代，难道美也要跟随？

No！No！No，美是最早运用数据来呈现的。

毕达哥拉斯派的 0.618 黄金比例分割点的提出，

奠定了所有美的标准。那可是 2500 多年前的数据了。

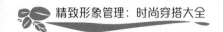
5.1 毕达哥拉斯学派的 0.618

在选美大赛中，那些胜出的选手基本都会吻合一个定律，叫作"黄金分割"。不管是脸型还是身材，好像一跟这个定律吻合，都会让我们感受到无与伦比的美。而有趣的是这个黄金分割是数学派的重要公式，是公元前六世纪古希腊数学家毕达哥拉斯发现的。（百科释义）黄金分割其实是一个数字的比例关系，即把一条线分为两部分，长段与短段之比恰恰等于整条线与长段之比，其数值比为 1.618：1 或 1：0.618，也就是说长段的平方等于全长与短段的乘积。0.618，以严格的比例性、艺术性、和谐性，蕴含着丰富的美学价值。为什么人们对这样的比例，会本能地感到美的存在？其实这与人类的演化和人体正常发育密切相关。据研究，从猿到人的进化过程中，人体结构中有许多比例关系接近 0.618，从而使人体美在几十万年的历史积淀中固定下来。人类最熟悉自己，势必将人体美作为最高的审美标准，凡是

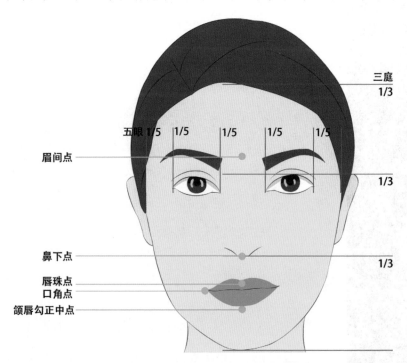

与人体相似的物体就喜欢它，就觉得美；于是黄金分割定律作为一种重要的形式美
法则，成为世代相传的审美经典规律，至今不衰！

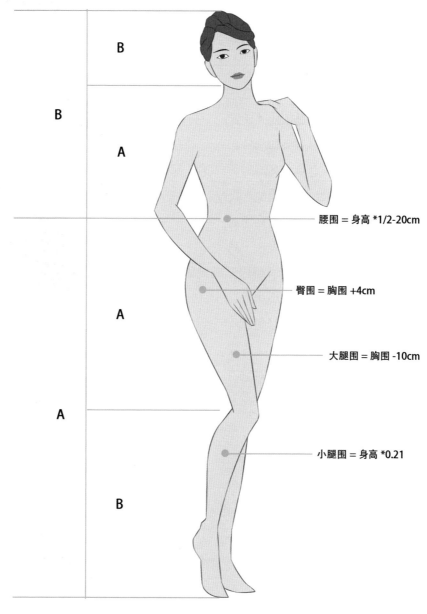

A：B=1：0.618

5.2 学习美也要靠数据才准确

美学是哲学范畴的一部分，历史上著名的美学家都是伟大的哲学家。自毕达哥拉斯时代的古典主义提出的"美在于物体型式"到新柏拉图主义和理性主义倡导的"美即完善"之后，英国经验主义认为"美感即快感，美即愉快"，到了德国古典美学时期总结了前面所有的内容得出"美在理性内容，表现于感性形式"，而俄国现代主义美学则认为"美来源于生活"。从上面的历史可以看出，自古至今对于美的研究都是在不间断地进行的。也正因为美有巨大的吸引力，才使所有的哲学大师们都对它有孜孜不倦的耐心寻求。

现代美学是个包容并蓄的学科，绘画、音乐、文学、建筑都在集各家之所长，创造出当下人们所追求的美。影响现代人体美学的仍然是古希腊时期提倡的美，即和谐统一以及毕达哥拉斯学派的0.618黄金比例，因为对于整个人体美的探究主要来源于古希腊的众多雕塑，被称为美神的维纳斯恰恰是黄金分

1926年，被称为"福特汽车"的香奈儿服装，因为方方正正的造型很像当时的福特汽车

割点的代表雕塑。在整个服装界，著名的服装设计师在美学派中汲取最多的就是线条、造型和比例。由此 Chanel 女士创立了拥有简洁线条的香奈儿服装，让所有的明星、贵族都想拥有那利落的直线套装。

迪奥先生创立了蜂腰肥臀的曲线造型服装，被称为二战后唤起人们欲望的"新 LOOK"。自此，直线型和曲线型服装成为服装设计界两种设计方向，直线型更加注重剪裁的利落和线条的力度，曲线型更加注重剪裁的柔美和线条的婉转。

图片是 1947 年迪奥先生的手稿，展现了被称为"新 LOOK"的蜂腰大摆裙

5.3 "线条"决定了穿衣服的时尚与否

直曲是我们对线条的归类，服饰如此，人体也会有一些柔和的曲线条和一些利落的直线条。既然我们知道美是和谐，所以当曲线型的人用曲线条装扮时，整体就会体现出和谐统一感，柔美性感的女人味就自然而然地流露出来。直线型的人用直线条装扮时，自然也能展现出利落干练的风姿。人和衣服之间的整体线条是否具有一致性决定了穿衣造型的成败。米兰达·可儿是在维密秀上非常特别的一位，她圆圆的脸型、甜甜的笑容给人带来了甜美可人的印象，她的面部线条就是曲线型的。

直直的头发将脸显得很大，直直的衣服线条把人显得很魁梧。

曲线型的发型衬托出了面部的柔美，带曲线型图案的衣服将人衬托得女人味十足。

可见曲线型的人天生具有浓浓的女人味，适合穿曲线剪裁的服装，比如带有花朵图案的衣服和用柔和面料做成的衣服。

直线型的人最适合直线剪裁的
服装，比如格纹图案的衣服和硬朗
的面料做成的衣服。

直线型人带来的更多的是一种
帅气的美。

5.4 直、曲线条服装

红色走秀裙：蕾丝面料 +X 形腰身剪裁 = 曲线感

格纹 / 利落直线条剪裁 / 直线型图案 = 直线感

H 形剪裁 + 挺括面料 = 直线型

5.5 直、曲线条鞋子

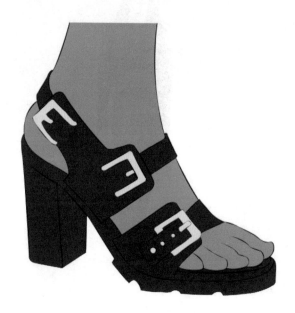

直楞直角的线条＋扣盘设计＝直线感

重叠的花边设计＝曲线感

5.6 直、曲线条饰品

硬朗的质感和线条带来直线视觉感

配饰：珍珠 + 花卉 = 曲线

5.7 直、曲线条来源于线条感和软硬度

直线型的线条是直线直角的，材质偏硬，带有干脆、利落、尖锐、冷漠之感。例如欧美一些款型，还有那些几何型图案和皮革材质。

曲线型的线条是圆弧波浪状的，材质柔软，带来非常女性化、性感、妩媚的味道。

例如柔软的真丝、蕾丝面料，曲线条花卉图案。

5.8 直线条人和衣服及饰品的特征

在中国，**70%** 的女性脸部线条都是偏向直线型的，真正拥有浓浓女人味的占了很少的比例。这也说明我们中国女性独立能力比较强，因为她们要承担社会上的责任和压力，在生活当中要扮演各种各样的角色。既工作又要照顾家庭，甚至还要处理各种各样的关系，这种对外处理事情的能力和对内沟通协调的能力，会让一个女人越来越坚强，也会让她的线条感，越来越明显。

近两年男性线条越来越柔和，也与社会整体的氛围有密切关系。

如何判断自己的线条？

直线条　　　　　　　　曲线条　　　　　　　　中间线条

内轮廓特征判定——你的眼神、五官

外轮廓特征判定——你的脸型

女生直线型人的特征：眼神锐利、颧骨很高、纤细高鼻梁、尖下巴、直线侧面、直眉毛、脸型有棱角感（拥有三点及以上则符合）。

女生曲线型人的特征：眼神力量柔和、腮部饱满、脸颊圆润、圆圆的桃花眼、弯眉毛、丰满嘴唇（拥有三点及以上则符合）。

女生中间型人的特征：眼神平和坚定、面部柔和、既没有直线型的距离感，也没有曲线型的诱惑感。

5.9 穿衣搭配指南

在职场当中既不能表现性感也不能表现得过于冷酷，而是应该表达干练、专业、睿智，中间偏直线则刚好吻合。而如果要表达女人味的一面，曲线条是更适合的。直 / 曲线条可以根据自我需求进行切换。

5.10 "大和小"决定了穿衣服的成熟或年轻

女生爱逛街，遇到梦幻的饰品，少女心会被瞬间激发，恨不能回到十几岁，成为童话中的公主。这类衣服饰品往往小巧可爱、精美灵动。

也有一些饰品夸张大气、醒目诱人、霸气无比，好像只能衬托女王一样的人。

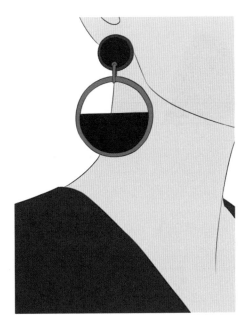

　　是什么因素决定了她们带来的公主风和女王范儿呢？是量感，量感小的饰物有可爱的印象，量感大的饰物有大气的视觉感。衣服同样如此，人也不例外。

　　在日常生活中，我们经常会看到一些很经得起岁月"敲打"的人，即使年纪再增长，你还是能够感受到他的青春可爱。在女明星中有宋慧乔、周迅、奥黛丽·赫本，男明星中有林志颖、苏有朋等。也有一些人从十几岁就被称为大哥、大姐、老大，因为到哪里都是气场逼人。男明星中有刘欢、女明星中有那英。这是根据什么来决定呢？是根据我们的五官分布形态决定的，专业术语叫作量感。量感小的人往往显得年轻、小巧、可爱，量感大的人往往带来醒目、大气、有分量的视觉感受。前面我们提到了美是和谐，那如果是量感小的人在穿衣服选饰品的时候就应该去匹配那些精致、小巧、年轻感的，而量感大的人则应该去匹配那些夸张、醒目、大气的才会达到整体的平衡。否则，小量感的人穿了大量感的衣服，就会像小孩子穿大人衣服，本身的年轻态瞬间隐没，有老气横秋的既视感。大量感的人穿了小量感的衣服，就像是在用力地装嫩，本身的气场没有了不说，往往显得滑稽可笑。由此看来，找到自己的量感势在必行！

▲大量感的人穿了小量感的衣服头重脚轻，头身
分离感

▶大量感的人穿上大量感服装后迅速气场全开，
女王范十足

5.11 人的量感取决于什么

人的量感主要取决于以下三个：一是五官的大小，二是脸盘的大小，三是眼神力度的大小。让我们来看下面这张图：

图一、小量感　　　　　　图二、大量感　　　　　　图三、中量感

图一和图二比较，这两个女生的眼神、脸盘、五官都会有所不同。

图一的五官和脸盘非常小巧，眼神也是轻盈的。图二的眼神沉稳有力量，脸盘和五官都显得比较大，所以图一属于小量感，图二属于大量感。图三与图一、图二比较起来，眼睛既不大也不小，刚好位于中间，属于中量感。大家在对自我进行判断的时候，可以先看一下是否倾向于图一和图二，如果没有，就属于中量感。

大量感特征	中量感特征	小量感特征
脸盘大	脸盘不大不小	脸盘小
五官大	五官不大不小	五官小
眼神有力量	眼神平稳	眼神轻盈

5.12 量感与服装

小量感

大量感

5.13 量感与包包

 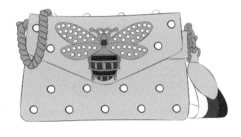

大量感　　　　　　　　　　　　　小量感

5.14 量感与饰品

大量感

小量感

5.15 九宫格数据定位法

通过我们自己对直曲和量感的判断，我相信你已经有了一个对自己的新认知。现在我们把量感和直曲通过一个坐标轴展现出来。

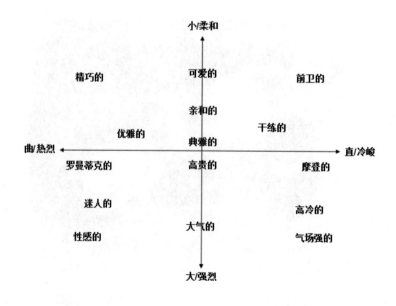

如果用一个五角星为自己在这个坐标轴上寻找定位点的话，你的位置在哪里呢？

如果自己是一个直线条的五官轮廓，判定自己的定位点在中间，那么头像就放在红色头像图标位置，这代表什么呢？代表你是一个具有欧美风格线条的人，你适合简洁的、利落的、干练的、摩登的、睿智的、都市的一种装扮。著名演员刘涛就是这一种，所以在她饰演的《欢乐颂》中我们看到了她的睿智、干练、简洁、摩登、都市的造型形象，非常吻合她所饰演的角色。而同是《欢乐颂》中的小包总饰演者杨烁，则体现出性感的、迷人的、热情的、罗曼蒂克的造型形象，其量感刚好位于坐标轴的左下角（蓝色头像图标位置）。

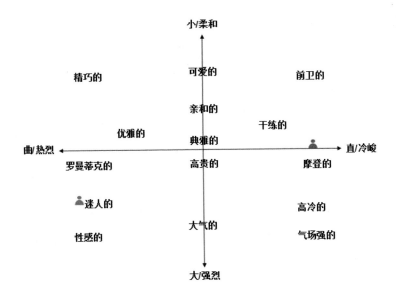

我们用九宫格来表示九种不同的穿衣风格，清楚了自己的定位点以后，现在就可以拿起笔标注自己的象限图位置了。下面我们以真实人物图片为例进行讲解。

女生版九宫格

    我们用字母来标注每个格子的类型，于是我们有了九种风格，A 类型又可分为两种，加在一起刚好是十种风格，分别是 A 格的知性型和自然型，B 格的优雅型，C 格的都市型，D 格的可爱型，E 格的少女型，F 格的前卫型，G 格的性感型，H 格的浪漫型，I 格的大气型。

    按照这个象限图把服装和饰品也进行划分的话，这些物品基本上会呈现出以下特征，而这些特征也刚好吻合了直曲大小的九个格子。

少女的 梦幻的 轻巧的 精美的	可爱的 年轻的 古灵精怪的 顽皮的 青春的 跳跃的	俊秀的 率真的 前卫的 尖锐的 叛逆的 个性的
优雅的 罗曼蒂克的 迷人的 飘逸的 温婉的 柔美的	自然的　随性的 亲和的　运动的 阳光的　舒服的 正统的　古韵的 典雅的　高贵的 有格调的　平衡的 严谨的　有规律的	简洁的 利落的 干练的 摩登的 睿智的 独特的 都市的
性感的 迷人的 热情的 艳丽的 饱满的	华丽的 成熟的 异域的 戏剧化的 浮华的 醒目的	中性的 大气的 硬朗的 有气场的 威严的 冷艳的

在风格打造里，所有的元素都是遵循"直配直、曲配曲，大配大、小配小"的原则，只有服饰与人保持平衡，它们之间才会产生平衡统一的链接，而当这种链接发生之后，才会产生美。

第 6 章

十大风格穿衣搭配

人生如戏，生活场景就是各个舞台。

在不同的舞台演绎，主角永远都是自己。

服装为道具，能展现的像你才是最好的。

上一章我们学习了风格数据，直曲和大小量感，定位出我们在九宫格里的位置。现在我们可以通过九宫格定位找到我们的风格装扮方向。

6.1 优雅型人穿衣装扮方向（B型）

优雅型的人线条偏曲，大小量感适中，她们具有均衡的五官比例，温柔的眼神，往往女人味十足。

传达出的整体感觉——端庄、雅致、温柔、温婉、柔美。

她们的风格形容词——优雅的、迷人的、婉约的、飘逸的、女人韵味的。

她们最适合穿女人味较浓的服装——如，真丝连衣裙、鱼尾裙、飘逸的裙装、旗袍等。

她们的服饰语言——飘逸的、曲线的、柔软的。

◎ **适合的装扮**

剪裁：曲线剪裁，体现女人味和温婉气质的蜿蜒流转的线条。

面料：精细柔软，不粗糙的、精致高贵的，如真丝、开司米羊绒、柔软的蕾丝等。

图案：流线感的图案，纤细的花纹，柔美的柳叶，柔美的花朵。

鞋：造型纤细、秀气而具有女人味的细跟皮鞋。

包：皮质柔软、造型圆润的。

首饰：精致高雅的，女性化，纤细的。

妆面：弯弯的眉毛，强调睫毛，淡化眼影，立体的唇部效果。

发型：微微的卷发、盘发等。

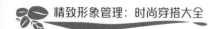
◎ **回避的装扮**

剪裁：过于宽松肥大或过于紧身、过长的款式，过多装饰。

面料：过硬、过厚、过于粗糙。

图案：过于醒目、清晰、繁杂，过大。

鞋：鞋头过长或过于短小、过圆，鞋跟过粗。

包：材质过硬。

首饰：过大，过于粗糙无修饰，过于烦琐或复杂。

妆面：浓妆，用色过深。

发型：过于凌乱、蓬松、个性、过长、过卷。

优雅型的职场装扮

优雅型的 Party 装扮

优雅型的休闲装扮

6.2 性感型人穿衣装扮方向（G 型）

　　性感型人的线条是曲线，量感为大，具有立体的五官，诱惑的眼神，往往体现出浓浓性感的女人味。

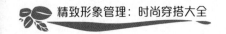

传达出的整体印象——性感、艳丽、热情、迷人。

她们的风格形容词——浓郁的、性感的、饱满的、热烈的、诱惑的。

她们最适合穿凸显身材的衣服——如低胸或露背设计的连衣裙、紧身设计的上衣或半裙等。

她们的服饰语言——浓烈的、浪漫的、身材尽情显现的。

◎ **适合的装扮**

剪裁：曲线剪裁为主，凸显腰身的设计，强调女性曲线身材的展现，腰臀比例有强烈的对比。

面料：有光泽的丝绸、飘逸的面料、性感的蕾丝、层层叠叠的纱。

图案：花朵图案、腰果花图案、曲线型的图案。

鞋：缎面材质的、上乘软皮的、尖头最好、细高跟。

包：材质柔软，多装饰、宽大曲线感的质感皮包。

首饰：大量感的浪漫时尚的造型，有强烈的光泽感和透明度；金 / 银饰、钻石、水晶等。

妆面：特别强调眼睛和嘴唇的美感，用色可略浓重。

发型：华丽的大波浪。

◎ **回避的装扮**

剪裁：直线的无腰身的剪裁、过于短小的款式，过于硬朗的装饰。

面料：过硬、过厚、过于粗糙。

图案：过小、过于前卫、过于尖锐。

鞋：鞋头过于短小、过圆，鞋跟过粗。

包：材质过硬。

首饰：过小，过于粗糙无修饰，过于简单。

妆面：无妆感、唇部色彩过淡、眉毛无修饰。

发型：过于个性、过短、直发。

性感型人的职场装扮

性感型人的 Party 装扮

性感型人的休闲装扮

6.3 知性型人穿衣装扮方向（Ａ型）

在九宫格系统中，知性型位于最中间的位置，直曲线条为中，量感也为中。这类型的人具有均衡的五官比例，平和坚定的眼神，往往气场比较强大。

传达出的整体感觉——端庄、精致、知性、高贵的印象。

她们的风格形容词——严谨的、典雅的、知性的、有格调的、正统的、平衡的、古韵的、高贵的、有规律的。

她们最适合穿经典服装——如，Chanel 型、迪奥型，经典白衬衣、经典风衣、针织开衫、西装套装、小黑裙、衬衣裙等。

她们的服饰语言——对称的、均衡的、高品质的、正统的、有规律的。

◎ **适合的装扮**

剪裁：直线或曲线剪裁均可，简洁大气、分割线与装饰线不要过多，合体或适度宽松。

面料：挺括，厚薄适中，精致的、高级的针织类，丝织类或精致毛料。

图案：含蓄、柔和不醒目，简洁不繁杂，大小适中。

鞋：鞋头长度适中，简洁装饰的尖头、圆头、方圆头、小尖头鞋，鞋跟粗细适中。

包：材质挺括，装饰简洁、大小适中。

首饰：简洁、精致，大小适中，有光泽感和透明度。

妆面：清爽的自然妆效果，注意修饰出清晰略有力度的眉形、柔和略粗的眼线，含灰偏浅的眼影，自然滋润的唇部效果。

发型：简洁的短发或长发、盘发，整齐的烫发。

知性型人的职场装扮

知性型人的休闲装扮

知性型人的 Party 装扮

6.4 浪漫型人穿衣装扮方向（H型）

　　浪漫型人直曲线条在中间，量感为大量感。具有大气的五官，深邃的眼神，往往体现出非常具有吸引力的印象。

传达出的整体感觉——华丽、醒目、异域、成熟的印象。

她们的风格形容词——成熟的、戏剧化的、浮华的、醒目的、浪漫的。

她们最适合穿夸张的衣服——如，带有大的细节设计的、大的图案设计的袍式的衣服，希腊风的裙子，宽大的袖子等。

她们的服饰语言——醒目的、有气势的、绚丽的、迷幻的。

◎ **适合的装扮**

剪裁：直曲均可，曲线体现出诱惑感，直线显现出大气有范儿。

面料：质感强的、各类真丝、上乘棉制品、皮草、蕾丝。

图案：自然的花朵、民族图案、艺术图案。

鞋：具有设计感和造型感的、希腊风的、特别设计的。

包：多装饰、宽大的。

首饰：大量感的，可以有一定的光泽感和透明度；金 / 银饰、水晶、宝石等。

妆面：强调立体的五官，迷离的眼神，用色可略浓重。

发型：时尚夸张的长直发或华丽的大波浪甚至超短发都可以尝试。

◎ **回避的装扮**

剪裁：纯直线或纯曲线剪裁，过于紧身的款式，过于短小的衣服。

面料：过软、过厚、过薄、过于精致或粗糙。

图案：过于模糊、规整，尤其过小的花朵图案。

鞋：鞋头过圆，鞋跟过细。

包：材质过于软塌，过于可爱。

首饰：过小，过于纤细，过于简单。

妆面：无妆感或用色过深。

发型：过于整齐、死板。

浪漫型人的职场装扮

浪漫型人的 Party 装扮

浪漫型人的休闲装扮

6.5 前卫型人穿衣装扮方向（F 型）

前卫型的直曲线条为直，大小量感为小，具有跳跃的五官，空灵的眼神，往往体现出抓不住的感觉。

传达出的整体感觉——率真、前卫、叛逆。

她们的风格形容词——直率的、空灵的、前卫的。

她们最适合穿酷酷的衣服——如吸烟装、带有链条和铆钉装饰等。

她们的服饰语语言——俊秀的、尖锐的、离经叛道的。

◎ **适合的装扮**

剪裁：利落的直线剪裁，肩部有一定力度，长度不宜过长，在前襟、下摆和袖

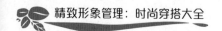

口处有变化和设计感。

面料：硬朗的、挺括的、密度高的面料，如皮革、牛仔类。

图案：醒目不夸张，具有尖锐感。

鞋：马丁靴，简洁装饰的方头、方圆头、鞋跟略粗。

包：材质挺括，可带有金属设计。

首饰：大小适中，风格独特的几何形或字母型饰品。

妆面：强调眼影与眼线。

发型：短发、直发、bobo 发。

◎ 回避的装扮

剪裁：纯曲线剪裁，过于宽松肥大或过于紧身的款式。

面料：过软、过薄、过于华丽。

图案：过于模糊、规整，尤其过大的烦琐花朵图案。

鞋：鞋头过圆，鞋跟过细。

包：材质过软，装饰过于简单。

首饰：过大，过于精细，过于简单。

妆面：无妆感。

发型：过长、过卷。

前卫型人的职场装扮

前卫型人的 Party 装扮

前卫型人的休闲装扮

6.6 自然型人穿衣装扮方向（A1 型）

自然型人也是直曲为中，量感为中，具有均衡的五官比例，平和的眼神，往往让人感觉比较亲切，容易接近。

传达出的整体感觉——自然、随意、轻松、亲切的印象。

她们的风格形容词——自然的、随性的、亲和的、文艺的、阳光的、舒服的。

她们最适合穿简单自然的服装——如，棉麻类的衬衣、裙子，简单的 T 恤、牛仔裤等。

她们的服饰语言——舒适的、轻松的、随意的、自然的、放松的、大方的。

◎ **适合的装扮**

剪裁：直线剪裁，简洁、分割线与装饰线少，适度放松，中长款最佳。

面料：天然的、有机理的、无强光泽的灯芯绒、粗花呢或棉麻都不错。

图案：自然型的图案，如轻松的格纹、枝藤与树叶等。

鞋：低跟浅口鞋或平底便鞋，没有过分的装饰。

包：皮质柔软的挎包、编织包、布艺包。

首饰：造型质朴的、自然材质的饰品。

妆面：以自然妆为主，画出不留痕迹的妆面为佳。

发型：自然的披肩发，线条流畅的、造型随意的发型。

自然型人的职场装扮

自然型人的 Party 装扮

自然型人的休闲装扮

6.7 大气型人穿衣装扮方向（I型）

大气型的人直曲线条为直，量感为大，具有棱角分明的五官，冷冷的眼神，往往体现出高冷的印象。

传达出的整体感觉——锐利、有威严、气场强大、冷艳。

她们的风格形容词——硬朗的、有气度的、气场强大的。

她们最适合穿大廓形的衣服——如大的 oversize 款、极具特点个性设计的欧美风格的、具有建筑造型感的。

她们的服饰语言——大气、夸张、强设计感。

◎ **适合的装扮**

剪裁：以直线剪裁为主，领面或领深要大，有夸张感，肩部有一定力度，衣长要长。

面料：质感强的、有机理的，各类皮革、皮草、化纤类。

图案：对比的条纹、清晰的几何图形、抽象图案、动物纹路。

鞋：具有现代气息的、有设计感和造型感的。

包：材质挺括，多装饰、宽大直线感的质感皮包。

首饰：大量感的、个性时尚的造型，有一定的光泽感和透明度；金银、合金、钻石等。

妆面：强调眼睛和嘴唇的美感，用色可略浓重。

发型：时尚夸张的长直发或尾部大波浪甚至超短发都可以尝试。

◎ 回避的装扮

剪裁：纯曲线剪裁，过于紧身的款式，过于短小的衣服。

面料：过软、过薄、过于精致或粗糙。

图案：过于模糊、规整、过小，花朵图案。

鞋：鞋头过圆，鞋跟过细。

包：材质过软塌，没有质感。

首饰：过小，过于精细，过于简单。

妆面：无妆感，用色过浅。

发型：过卷。

大气型人的职场装扮

大气型人的 Party 装扮

大气型人的休闲装扮

6.8 都市型人穿衣装扮方向（C型）

都市型人的直曲线条为直，量感大小为中，具有立体的五官，锋利的眼神，往往体现出难以接近的感觉。

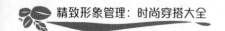

传达出的整体感觉——摩登、睿智、有距离。

她们的风格形容词——简洁的、利落的、独特的、干练的。

她们最适合穿简单有设计感的衣服——如有造型的西装、特别设计的衬衣、大马甲、风衣等。

她们的服饰语言——设计感强的、简洁的、利落的、都市范儿的。

◎ **适合的装扮**

剪裁：以直线剪裁为主，领子有立体感，肩部有一定力度，细节处设计感明显，整体有特点。

面料：质感强的，高级化纤类、羊绒制品、密度高的纯棉制品。

图案：对比的条纹、清晰的几何图形、抽象图案。

鞋：具有现代气息的、有设计感和造型感的。

包：材质挺括，少装饰、直线感的质感皮包。

首饰：中量感的、个性时尚的造型。

妆面：利落的眼部造型、自然的唇色。

发型：齐肩发、短发、bobo 发。

◎ **回避的装扮：**

剪裁：纯曲线剪裁，过于烦琐、分割线与装饰线过多，过于宽松肥大或过于紧身的款式，繁杂装饰。

面料：过软、过厚、过薄、过于粗糙。

图案：过于模糊、规整、繁杂，尤其过小的烦琐花朵图案。

鞋：鞋头过长或过于短小、过圆，鞋跟过细，装饰烦琐。

包：材质过软塌，装饰过于烦琐。

首饰：过小，过于精致细腻或粗糙无修饰，过于烦琐复杂。

妆面：浓妆，用色过深，过于强调眉眼或嘴唇等局部。

发型：过于凌乱、蓬松、个性、过长、过卷。

都市型人的职场装扮

都市型人的 Party 装扮

都市型人的休闲装扮

6.9 可爱型人穿衣装扮方向（D型）

　　可爱型人直曲线条为曲，量感大小为小，具有孩子般的五官比例，天真的眼神，往往像邻家女孩。

　　传达出的整体感觉——甜美、可爱、小巧、天真。

　　她们的风格形容词——可爱的、甜美的、文静的、少女的。

　　她们最适合穿公主型的服装——如蓬蓬裙、碎花裙、有泡泡袖的上衣等。

　　她们的服饰语言——少女的、轻巧的、梦幻的。

◎ 适合的装扮

剪裁：曲线剪裁，合体或适度宽松。

面料：柔软的、轻盈的面料，如棉布、蕾丝、雪纺、纱。

图案：小碎花、小圆点等。

鞋：圆头浅口中跟皮鞋，可带花朵装饰。

包：小巧的、皮质柔软的，有可爱装饰物的。

首饰：纤细的、小巧的、花型的。

妆面：以裸妆为好，用色浅淡柔和，唇色自然透亮。

发型：可爱的小卷发、自然的披肩发。

◎ 回避的装扮

剪裁：纯直线剪裁，过长、没有腰身。

面料：过硬、过厚、过于粗糙。

图案：过于尖锐、硬朗、过大、抽象图案。

鞋：鞋头过长、鞋跟过细。

包：过大的。

首饰：过大，过于粗糙无修饰。

妆面：浓妆，唇色过深。

发型：过于凌乱、蓬松，个性。

可爱型人的职场装扮

可爱型人的休闲装扮

可爱型人的 Party 装扮

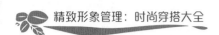
6.10 少女型人穿衣装扮方向（E型）

少女型人直曲线条为中，量感大小为小，具有灵动的五官，清澈的眼神，往往显现出冻龄状态。

传达出的整体感觉——清新、可爱、年轻。

她们的风格形容词——清纯、可人、顽皮。

她们最适合穿小清新类型的衣服——如棉衬衣、小 A 裙、针织衫等。

她们的服饰语言——轻巧的、清新的、高中女生的。

◎ **适合的装扮**

剪裁：直曲均可，直线剪裁体现调皮和聪慧，曲线剪裁体现女孩般的清新气质。

面料：柔软的、舒适的、轻盈的面料，如细针类、平绒、兔毛、棉布。

图案：小圆点、小动物、可爱的水果等。

鞋：小尖头或小圆头皮鞋，可带装饰。

包：小型的、有设计感的、有装饰物的。

首饰：纤细的、小巧的、晶晶莹剔透的。

妆面：以透明妆为主，用色浅淡柔和，强调睫毛和嘴唇。

发型：清纯自然的直发、马尾辫、可爱的微卷发。

◎ **回避的装扮**

剪裁：大廓形剪裁，过于紧身、过长的款式。

面料：过硬、过厚、过于粗糙。

图案：过于醒目、繁杂，尤其过大的抽象图案。

鞋：鞋头过长、鞋跟过细或过粗，装饰烦琐。

包：材质过软塌，装饰过于烦琐。

首饰：过大，过于粗糙无修饰。

妆面：浓妆，用色过深。

发型：过于凌乱、蓬松、过长。

少女型人的 Party 装扮　　　　　　少女型人的休闲装扮

少女型人的职场装扮

第 7 章
好身材装出来

好身材是谁定义的呢？我们认为男人倒三角最好，女人 S 型最佳。

当我徜徉在卢浮宫的时候，终于明白我们对于完美身材的考量是来自古希腊雕塑的影响。

在那个极其注重比例的世纪，产生了大量关于人体美的雕塑。

这样说来，了解身型后再进行比例调整，好身材就显现了。

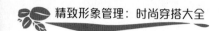

7.1 平衡才是我们对身材的要求

人人都渴望拥有魔鬼般的好身材，每年维密大秀上模特的身材展现不仅让男人垂涎三尺，女人也会被其深深吸引，同时又会自怨自艾。不懂得美的创造的时候，我自己也是对自我身材各种不自信。屁股太大、腿不够长不够直，对比一下模特，简直无地自容。然而真正的好身材寥寥无几，后来在我从事形象管理的十几年里，见到了上万人的身材，能够像维密模特般完美的竟无一人。不过我们总能找到方法来进行调整，腿不够长就调整一下腰线，将比例改变。肩膀太宽就制造一些视觉中心焦点，让肩膀有收缩效果，同时让下半身的宽度加大，看起来与肩同宽。同理，屁股太大就用遮盖法或视错法扰乱视觉真实性，同时在肩膀处进行强调。所有我们能够改变身材缺陷，通过各种修饰塑造来达到最终效果的方法总结起来竟然都是平衡。

人都是渴望协调的，不管你是普通人还是超级名模，每个人的目标都是视觉平衡。英国布鲁奈尔大学的学者建了七十七个成年受试人身材的详细虚拟模型，并测量了他们的对称程度。为了消除面部特征或是肤色引发的偏见，虚拟模型的头部被隐去了，所有的肤色都被设定成同样的中性色。然后研究人员请志愿者来评价异性模型的吸引力。尽管对肉眼来说对称度的差别几乎看不到，但不管男人还是女人，都说匀称的身材更具吸引力。所以，不管我们是否意识到，我们都很自然地被匀称所吸引，甚至细小的改变都会引发巨大的变化。可惜的是，非常非常少的人拥有自然匀称的身材。但是不要灰心，我们可以通过挑选服装来制造错觉。不管你的尺码是 XS 还是 XXXL，目标都是通过轮廓感、强调性及战略性的色彩组合来让你的体型保持平衡。

7.2 先天的比例和后天的视觉感

这么多年，你已经熟悉了自己的身材，知道自己哪里大、哪里小、哪里突出、哪里不好。你或许非常容易地就可以说出自己是穿什么码数的服装，商家也习惯用 S\M\L 来去区分小码、中码、大码，再细致一些可以到 XS\XL\XXL。总的来说，你和我还有我们认识的每一个人都应该会适合这六种尺码中的一种。但是，不是所有尺码为 M 的女人都有着同样的身高和体重。同样尺码的衣服，也不是每一件都是合身的。因为身体与服装之间的吻合程度无关乎尺寸，而在于形状。想要选择最适合你、最能修饰你体型的衣服，唯一的方法就是了解你的整体身型。你只有一个身体，所以不管你是高是矮、曲线优美、苗条、体格健壮，还是自成一格地混合了所有特点，我们都有很多基本技巧和指导方法，帮你在式样和轮廓上做出明智的选择。

黄金比例就是其中一个法则，我们在前面章节已经讲过了，打造成黄金比例就可以产生后天看到的最佳身材比例感。但是光有这些是不够的，我们还要知道什么样的衣服穿在自己身上的吻合度最高，怎么样扬长避短，最终展现出好身材。作为一个形象老师，在帮无数人搭配服装，最终显现出完美身材的过程中，我发现了一个规律，只要她的身上能出现一个 X 框架，就能快速地判断他 / 她的体型。而这个 X 框架也能帮助你转变思维方式，从而改变体型。所以每次我的客户或学员需要诊断体型时，我都会在她的轮廓上放一个 X 框架。根据诊断结果，我会去平衡他（她）的外形，并给出最适合的建议。很有意思的是，每一个有问题的地方，都会有一个出色的地方与之对应，它们往往大小相似、方向相反。了解了这一概念将会减少你在衣柜前愁眉苦脸的时刻，也减少了你在选衣购物时犹豫不决的时间，还有省下买错衣服的钱。

我们的身高不尽相同，体重也稍有差别，但是身体上的每部分都是最独特的。而大多数人通常都符合四大类体型中的一种：沙漏形、三角型、倒三角形、矩形。想要确定你是哪一种，从学会使用 X 框架开始。

7.3 体型

使用 X 框架确定自己的体型，是建立在骨骼框架基础之上的。因此，某些细节，包括身高、胸围尺寸及体重，可能会因个体不同，因五种典型身材不同而各异。这种变化令我们既普通又独特；每一分组都有不同的属性，但每一分组之下还有一系列的子类型。虽然你们可能是典型的同属同一体型，但身体的变化，如怀孕、明显的体重减增、老化等，可能会让你的体型从一种向另一种转变。同样的，辨别出不止一种体型并不罕见。就像最适合你的颜色那样，这里的五种体型也是来指导你的。所以，如果你发现你的某些特征是由两种不同的类别所组成的，那也很好。你可以随意借用，只需要记住，为什么某些式样适合你，并且比其他的式样更能突显你的好身材就可以了。下面这个公式，也请大家一起记住。

我们反复提到的视错＝运用比例＋巧妙利用式样和颜色

7.4 判断自己的身材形状

找到一个比较亲近或信任的人来帮助你完成以下内容：

你需要穿紧身的弹性套装，或是泳装，或是文胸和内衣。双臂垂在身体两侧，站在一面纯白或纯色的墙前，让你的朋友为你拍摄三张照片，分别为正面、背面和侧面照，目的就是用这三张照片清晰地捕捉你的轮廓。最好能够将它打印出来，用铅笔标出你肩膀和臀部最外侧的点，然后将这些点连在一起画出一个 X。接下来，用点记录下你的腰围，就是在你胸腔最下，恰好在肚脐之上的那一点。如果你的腰围点测量起来要比你的臀部和肩膀宽，那么你的"X"将会更加接近一个十字。测量时要诚实、精准。

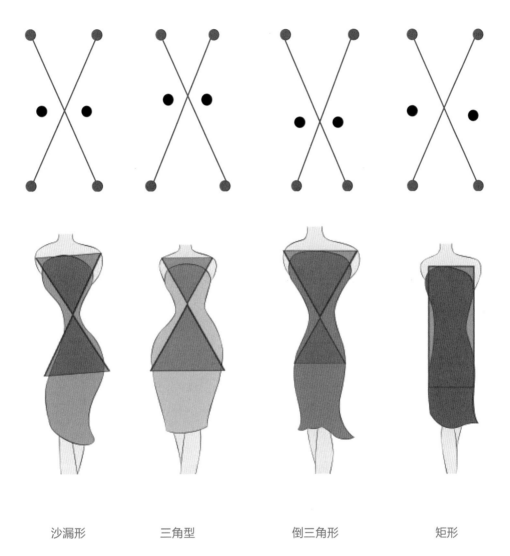

沙漏形　　　　　三角型　　　　　倒三角形　　　　　矩形

　　很多人要求完美，对自己的身材不够满意或自信。而这时，了解你的体型和最适合你的衣服裁剪样式能够帮助你专注于有形，改善无形。当你站到镜子前，看到自己不错的身材时，自我感觉马上就会好起来，当然别人也会觉得你很好。其实，并不是说一定要从现在开始减掉十斤，生活才能继续精彩；也不是说，如果发胖了，你的人生就没有了希望。了解自己的体型后，可以运用扬长避短穿衣法和时尚穿搭法则，映射出今天及每一天那个最好的自己。

7.5 沙漏形身材特征和穿衣类型

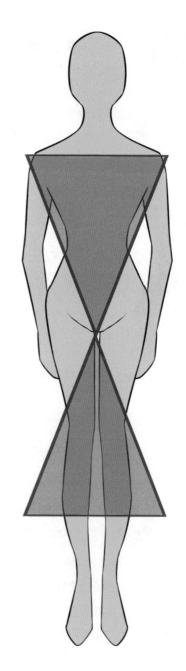

◎ **身材特征**

* 臀部较宽

* 腰部纤细

* 胸部和大腿丰满

◎ **适合的着装**

* 质地柔软的服装，丝织物和套头的开司米衫、羊绒衫

* 围裹式的外衣，有荷叶边装饰的上衣及外套，或长过臀部的外套

* 衬衫和长裙、长裤的搭配也可以

◎ **搭配关键词**

凸显腰身和曲线美

◎ **搭配禁忌**

方正和宽松的上衣

沙漏形身材特征是丰满的胸部、纤细的腰部和饱满的臀部。这是不是就是大家所追求的魔鬼身材呢？当然，标准的沙漏形身材，确实是前凸后翘，"S"形曲线明显。这种类型的人呢，经常会被称为天生尤物，就是因为她具有了女性化的所有特征，什么都不缺，什么都不少，身材凹凸有致。所以说这种类型的人衣服搭配关键是要凸显腰身和展现曲线美。既然具有了天生的优势，就要把这种优势展现出来。搭配外套也好，内搭也好，都要凸显腰身。否则容易形成过于臃肿的状态，甚至显得人很胖。

　　不管是短外套还是长外套，如果这件外套本身不能够凸显"S"形身材，就要换种穿法。要么将长外套披着穿，让别人继续可以看到里面凹凸有致的身材；要么就选择短款，将衣服腰身的部位刚好卡在细腰位置。选择长外套的话，要选择腰身有明显设计的，而且质地不能过于硬朗，也不能过于软塌。因为过于软塌会让一个人显得臃肿，过于硬朗会将凹凸有致的身材给破坏掉。

　　禁忌：比较方正的和宽松的上衣，因为胸部撑起来，在没有腰身的情况下，你的优点会全部被淹没。相对来说，沙漏形身材还算是一个标准型的身材，所以除了记住搭配关键词和搭配禁忌之外，大部分的服装款式都是适合沙漏形身材的，这也是很多人羡慕的原因。

7.6 倒三角形身材特征和穿衣类型

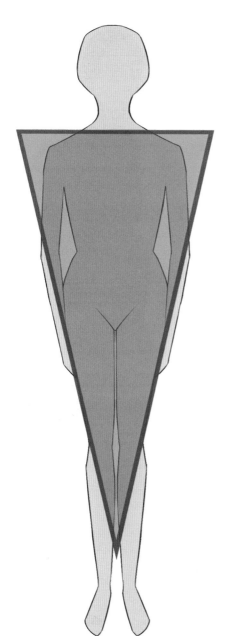

◎ **身材特征**

* 肩部较宽

* 腰部、臀部较窄

* 胸部可能也会丰满

* 腿部纤细

◎ **适合的着装**

* 无肩缝的衣袖设计，可以使视线下移

* 上衣的款式要选择简洁、宽松的

* 上衣的结构线和装饰线设计多为斜线或垂直线

* 腰部适当收腰，但不要太紧，可有束腰设计，在腰部形成下垂的直线条

* 底部丰满的裙子或裤子、宽褶裙或松紧带的束裙，有边沿设计的裙子

* 宽松的毛衫、宽松的卫衣还有飞行员夹克，以及oversize款的牛仔外套，还有一些风衣、大衣

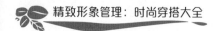

◎ **搭配关键词：视错**

骨架大、肩宽或上身丰满，

腿相对来说较细，最适合的穿搭风格就是"上松下紧"或"下半身失踪"

◎ **搭配禁忌**

* 夸张的肩部设计

* 全身紧身的裙子或套装

倒三角身型放在男士身上是非常标准的，也是非常有诱惑力的。女士身型的特征是上身胖下身瘦，往往会产生肩宽、胸大、胳膊粗、胯部窄的印象。其实不管你是何种身型，我们在搭配的时候，要的就是一个平衡感，如果你对这种身型不太满意，不想让自己显得过于男性化的话，需要做到的第一点就是平衡。明显的倒三角，可以穿着腰部有设计感的裙子平衡视觉感。腰部位置还是要凸显腰身，使臀部位置有一定的膨胀感，跟宽宽的肩部形成平衡，上下看起来就不是倒三角的样子了。

有些服装，如连体裤的设计会在肩部位置特别简单，或者是抹胸无肩的状态，在臀部位置稍显宽松；倒三角形身材的人，穿烟管裤和阔腿裤可以平衡视觉印象。我们在所有的章节里面都强调平衡，统一和谐，还有视错，就是把自己身型的视线进行一种错误的传达，使大家看到自己的样子和自己本来的样子是不一样的。比如下页图片上的两位倒三角形身材，完全是穿着这种 oversize 的宽大的上衣，她们骨架大，肩宽或比较丰满，但是腿相对来说比较细。所以可以用这种上松下紧或下半身消失的视错法，改变本身肩宽的印象。因为宽松款 oversize 的上衣，穿在身上又露出细细的腿部的时候，人的视觉焦点基本上都到了下半身的腿部，只会觉得这种宽松的上衣本身带来的膨胀感，而不会觉得上身比较宽大或比较丰满。所以说这样的一种视觉转移法就可以很好地运用在倒三角形的人身上。无论是毛衫、牛仔、卫衣，都向大家呈现了倒三角形身材可以搭配的方向。

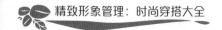

不过大家一定要记住一个准则，在我们进行 oversize 搭配的时候，一定是上松下紧，下边的裤装要么穿紧身裤，或者是偏紧的直筒裤，要么就穿有点儿像下半身消失的紧身靴，或者是露出整个大腿。因为，上面已经很松了，下边再不收紧的话，整个人就会显得非常拖沓和邋遢。这种穿搭也一定是在有美腿的情况下才可以去应用的。对于一些小腿比较粗的女性来说，不适合穿太紧的裤子，如果想完全下半身消失的话，要么就选择从膝盖部分微喇的裤子，要么就是直筒微喇的裤子，或者是在我们的脚踝处露出脚踝的九分裤，都可以跟上衣的宽松和oversize进行匹配。

7.7 正三角形身材特征和穿衣类型

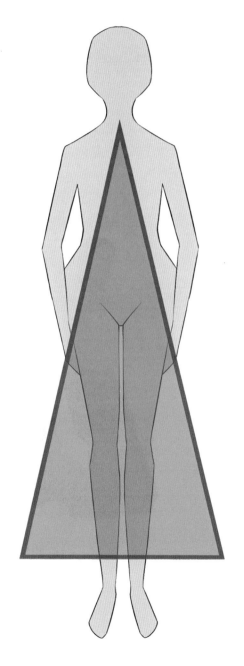

◎ **身材特征**

* 肩部比臀部或大腿窄

* 胸部比臀部窄

* 腰部以下变宽或更结实

◎ **适合的着装**

* 选择合体的裙子或裤子

* 肩部宽松，收腰合体的上装

* 上身有装饰设计的款式

* 宽领、西装领和一字领

* 套衫式上衣、垂腰式上衣、两件
套外衣

◎ **搭配禁忌**

* 紧身裙、裤

* 下摆处收紧的裙子或裤子

* 上衣长度至臀部的最宽处

跟倒三角形身材正好相反的三角型身材，也被称为梨形身材，或者是正三角形身材。这类型人的特征是上身瘦下身胖。这类女生应该是长期坐办公室，以致腹部、臀部到大腿的位置偏胖，上身相对正常。所以这种身材的搭配要领就是上紧下松，跟我们刚刚讲到的倒三角形身材刚好相反，像用一些密织织法的针织衫，或者是垂坠感比较强的真丝衬衣，去搭配阔腿裤，休闲款的半裙或者是包裙，都可以达到很好的效果。

"A"形的裙子、伞裙、阔腿裤都是比较友好的，因为对梨形身材的人起到了一种视错效果，从而达到了平衡。长款的西装、长款的外套可以遮住过大的臀部。在选择长款外套的时候，要有一些收腰设计，因为没有收腰过于宽松的话，对于梨形身材来说，就会越来越下坠，显得比较矮胖。

搭配禁忌是紧身裙和紧身裤，而带弹性面料的紧身裙和紧身裤是大忌，还有下摆处收紧的裙子和裤子，会让梨形身材尽显，一定要抛弃。

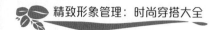

7.8 矩形/H形身材特征和穿衣类型

◎ **矩形身材特征**

*肩膀、腰部和臀部都较窄

*轮廓瘦、直，缺少曲线

*有棱有角，缺乏曲线

*腰部曲线不明显

*外轮廓几乎是直上直下的

*腰部和臀部的尺寸相差很小

◎ **适合的着装**

*大摆裙选择上窄下宽的式样，也可以选择柔软的宽摆裙

*长裤选择下窄上宽的直筒裤，有柔软褶皱的裙裤

*轮廓线显著、有形的上衣或套装

*斜裁、插片或下摆逐渐向外展开的裙子，包括带褶皱的裙子

*高腰、垂腰式的裙子和裤子

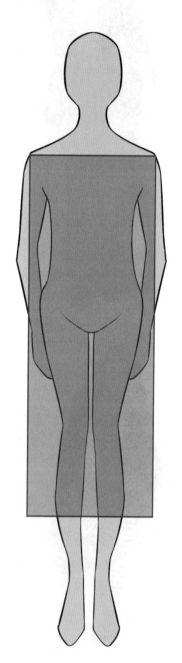

H形身材也被称为矩形，身型特征是腰线不明显。这类身型的人，要么很瘦，要么就是浑圆的状态。不管是很瘦还是浑圆的状态，都要制造腰线。因为没有腰线，无法凸显好的比例，也没有办法展现女性的状态。上下分开的单品，能够看出腰身的状态，上、下身的比例同样还是 3 ∶ 7。

如果是长款的外套，不管是宽大的毛衫，还是长长的风衣，加上一个系带，腰身位置就凸显出来了，不需要系得过紧，松松的就可以体现出你的洒脱感。对于特别瘦小的 H 形身材的女性来说，短的上衣是一个不错的选择，短的上衣配阔腿裤，再搭配上 H 形剪裁的长款外套，利落、干练、大气、时髦、欧美范儿尽显！因为有外套的加持，露出了一点点腰部的状态，性感的女人味儿十足。所以说露出一点点腰，和加上腰带都会让别人看到腰身，这也是试错法的运用。在寒冷的季节里，H 形的身材要么选择 H 形剪裁的外套或大衣去表达流畅感，要么选择可以制造一些腰线但同样还是直线剪裁的大衣或风衣。因为 H 形身材的女性向来就有一种洒脱感，整个身型线条能够保持直线条，是最佳的状态。

　　H 形身材的人也是有穿衣禁忌的，没有腰身的紧身直筒裙就是大忌。既没腰线又紧身，那不是直接就将你显现成了一个矩形的状态吗？

第8章

扬长避短穿衣法

我曾经沉浸在因身材导致的自卑里很多年，就算是现在，也会偶尔盯着镜子里的影像想，"为什么我就不能腿长一点，细一点，胯窄一点……"

好在我懂得扬长避短，穿上适合的衣服后，展现出来的身材接近完美。

再次照照镜子，好状态一眼看到。这就是我的秘诀，你也可以尝试。

8.1 小个子穿衣经，增高十厘米不是靠高跟鞋

身高，是我们很多中国女性不愿意提到的一个话题。但是，事实就是事实。有这样一个数据，2016 年亚洲女性的身高统计：平均身高只有一米五八，而我们中国女性呢？平均身高只有一米五五。看到这个数据，你是不是心理平衡了。每个人都希望自己拥有模特的身材，总觉得高个子才能将衣服穿得好看，其实，无论是明星还是一些当红博主，她们的身高一米五五左右的也是大有人在。但是她们却用后天的穿衣来改变了人们的视觉印象，使身高看起来至少比实际身高高出 10 厘米左右。

1. 黄金比例点：0.618

我们在前面提到，黄金比例是增高的法宝。

当上下比例产生了 3 ：7 的比例感的时候，一般是最显身高的。因为 0.618 的比例刚好在肚脐上下的一个位置，所以把腰线提高到肚脐以上，会让你的身高既视感立马增高十厘米以上！

　　连衣裙当然要选择高腰线的，或自己用腰带制造高腰线。穿半裙或裤子的时候，要把上衣塞到裤子里面，而不要把上衣放在外面。如果真的想放在外面，也可以选择塞一个角，或者是一半的位置，即前塞后不塞的穿法。

上衣塞到裤子里比例好

低腰裤没有高腰裤显高

腰线位置是有一个点的，在肚脐以上三厘米的位置是最佳的。如果再高的话，刚好顶在胸下面，反而又会显得更矮。

腰线位置越高，越容易显高挑

2．合体度

要戒掉那些非常膨胀的衣服，合体的衣服，比较适合个矮的人。

上宽下宽淹没了身高

对于小个子的人来说，如果不凸显腰线，就不能凸显比例感。而衣服不合身的话，也不能体现比例感。

有腰线比没有腰线高了很多

3. 露出一些肌肤

☆ ☆ ☆ ☆ ☆　　露胳膊　　☆ ☆ ☆ ☆ ☆

露出肩膀和胳膊连接处的骨点

当露出我们整个肩膀和胳膊连接处的骨点位置的时候，你的整个身高会有一种向上拉伸的效果。所以说，如果要露的话，那就直接把肩膀头露出来。

☆ ☆ ☆ ☆ ☆　　露脖子　　☆ ☆ ☆ ☆ ☆

对于精致小巧的女孩子来说，想显高，最不能遮住脖子这个部位。即需要打开脸部下方一块肌肤来延长视觉感。很多女孩子，身高并不高，就是因为脖子比较长，或者是用低领口的衣服将脖子显得比较长的时候，她的身高就会显得比较高。

☆ ☆ ☆ ☆ ☆ 露腰 ☆ ☆ ☆ ☆ ☆

腰身一露，立即会带来上下比例的切割线。露出的这块肌肤跟脸部和腿部的肌肤形成了连贯性的延长效果，还有一丝丝小性感。所以说，如果你拥有小蛮腰的话，大胆地露一下吧。

☆ ☆ ☆ ☆ ☆ 露腿 ☆ ☆ ☆ ☆ ☆

很多女生觉得自己个子矮，一直选择小短裙来穿。但是，如果你上身比较宽厚的话，这种选择并不是最好的。除非你的腿形很漂亮很细，那么穿这种短裙，确确实实能将身高拉高。

159

　　如果腿不细不直，可以选择露出脚踝部分，而不是完完全全地遮住你的腿部，那样反而会显矮。这里，给大家画这样一个范围，就是你可以盖下膝盖，盖下小腿肚的这样一个长裙位置。

☆　☆　☆　☆　☆　　　遮住小腿肚　　☆　☆　☆　☆　☆

☆ ☆ ☆ ☆ ☆   适当露腿   ☆ ☆ ☆ ☆ ☆

开边叉的裙子，露出腿的一部分   透视感的裙子，若隐若现的露腿

4．款式要简洁

对于小个子的人来说，不要穿过于复杂的款式。简洁很重要！

简洁款拉长了身高视觉感

花色、设计感太多、层层叠叠都会让人整个向两边进行扩张，上下的拉伸感会比较弱。

5. 高跟鞋

个子比较矮的人，很多人会说，穿双高跟鞋就好了。但其实，高跟鞋的选择也是有技巧的。鞋跟高度为六七厘米的鞋子，既增高了很多，也会让人更加挺拔。而鞋跟高度超过八厘米后，膝盖部位为了缓冲容易打弯，反而矮了下来。

在女生穿的鞋子中，男生最不喜欢看的就是厚底鞋。你会发现，不管多么时尚的人，只要一穿厚底鞋，low 的感觉就出来了。而且想显高的话更不能选，因为厚底鞋会显得人比较笨重。笨重了就会将人向下压，向下压身高自然就会显矮。

6．注意个人风格的量感

量感在前面的章节也已讲解过。如果你是小量感人，按照穿短裙的方法是不错的显高方式；但如果你是大量感人，就不适合穿短裙了，因为这样会显得头重脚轻。而头重脚轻也会将一个人的身高从视觉上变矮。

所以我们打破了一个误区：觉得身高不够不能穿长款。其实小个子是完全可以穿长款的，关键看你怎么选。长裙就比较适合脸部量感大，整体身型看起来比较宽大的人。

8.2 脸盘大这个问题，发型和领型可以解救

有人说，自己身型很瘦，就是脸大，有没有一些显脸小的方法？在我们的穿衣搭配中，无非就是两种方式：要么遮住，要么视错。遮住，就是把一些你不太愿意让别人看见的缺点，通过发型或服装的廓形，给遮盖掉。视错，就是先露出你脖子部位的肌肤，将露出的肌肤跟你的脸部形成连贯的视线，这样大家会关注到你露出的肌肤的整体感，而不会只关注到你脸的部分。毕竟平时我们穿小圆领，卡在脖子根部的时候，凸显的只是脸部的肌肤，那我们就会很自然地关注到你脸盘大的问题。

1．领型

☆ ☆ ☆ ☆ ☆ 　　万能的 V 领　　☆ ☆ ☆ ☆ ☆

V 领和 U 领的好处就是可以露出一部分皮肤，与脸部形成连贯性。不过领子

开口大小有讲究，穿圆领 T 恤的时候，头会比较显大，穿深的"U"形领的时候，就会显得脸小一些。下图中，她的"U"形领露出的肌肤面积，刚好跟脸部的面积是相等的。如果露出的面积超过脸部的肌肤面积，脸会小很多。

所以说，当你想让脸显小的时候，你的领子就要开得足够大。所有的小圆领也好，小衬衫领也好，都不要紧贴在脖子处。要让露出的肌肤面积和脸部的面积形成一个比例感，露出的颈部到我们胸线以上的位置，可以跟脸部的面积相同，也可以比脸部的面积稍大。如果你可以接受的话，这样就会让脸更小。除了本身的 V 领设计外，解开衬衫最上面的 3 粒纽扣或者是穿上西装，深 V 领都能体现出来。

☆ ☆ ☆ ☆ ☆　　堆堆领　　☆ ☆ ☆ ☆ ☆

如果穿高领衫，堆堆领是最好的，忌讳的是紧卡在脖子上的高领，直接凸显大脸。原因是这种堆堆领可以让整个领部的面积加大，这样符合我们露出肌肤要呈现平衡感的原则。所以，当秋风渐起，天气变凉的时候，我们可以选择这种堆堆领来去弱化脸部看起来比较大的感觉。

2．发型

（1）不要齐刘海

我们先分析一下为什么在选择一些发型的时候，遮住脸反而会显得脸更大。如果用几何形状来表现一个脸的话，我们用齐刘海盖住一部分脸的时候，会发现脸变得更宽了，小脸的视觉感自然就消失了。

（2）露出额头

为什么要露出额头呢？当额头露出的时候，可以跟整个脸部形成上宽下小的比例，而上宽下小的比例，就是我们所说的锥子脸，而锥子脸是最上镜也是最显脸小的。好的，请大家再仔细观察一下上图的两个模特，明显感觉到没有刘海的脸小，刘海遮住额头的却显得很大。其实这是一个人，米兰达可儿就是典型的这种脸型。我的脸比较大，属于长鹅蛋脸。七七老师的脸小，所以每次拍照片的时候，她都会离我很远。

脸的形状带给我们的视觉感受才会让我们感受到脸大或脸小，它无关于脸部面积，而关乎于脸型的趋向。如果是纵向拉伸的长脸型，就会显脸小，如果是横向拉伸的方脸型就会显脸大。所以越是脸型上下距离比较短，越是要露出额头，制造出纵向拉伸感。

（3）侧分

如果你恰恰是这种比较短比较宽的脸，想要让自己变成窄长的脸，打造小脸非常好的方法是通过头发的遮盖把脸变窄，从而使脸部的线条变长。

下面用一张图来表示脸变窄变长的过程，方法是侧分遮盖，而不是两边遮盖。所以说，脸宽的 MM 最不能留的是齐刘海和中分发型。

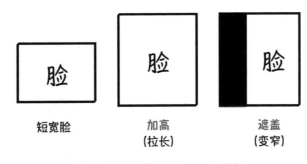

短宽脸改造基础版——变窄长

（4）蓬松

下图两个方块中，"脸"的部分面积相同，但从视觉上看，哪个看起来比较小呢？一定是左边的面积小，右边的面积大，对吗？所以左边相当于是上镜的锥子脸，右边就是大宽脸了。

怎么改变？好看的脸型，一定是上宽下小，颧骨宽也没有关系，反而能够将整个脸部的棱角感凸显出来，有棱角的时候，其实是好事。

我们将上边加宽，下边缩窄，露出整个额头，让头顶的头发蓬松并用发尾部分去遮住腮部位置，这时候大宽脸就变成小 V 脸了。

短宽脸改造进阶版——不蓬松就别出门了

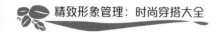

3．配饰

一是推荐大家使用发带，跟凌乱的头发组合在一起，形成一秒即变小脸的既视感。

二是可以佩戴大耳环，即耳朵两侧的装饰物要用大量感的，这样脸自然就被对比得显小了。

8.3 虎背熊腰的你必须懂得的"缩肩术"

有的时候你会发现，自己也不属于那种胖的类型，但就是让人看起来很胖。原因就是肩宽背厚，给人的感觉就是胖肥圆，这对于女性好不公平啊。没关系，我们一点点地来看，到底如何解决这些问题。下面介绍六种方法，里边有适合的，有禁忌的。大家只需要采用自己适合的，拒绝不适合的，就完全可以让自己的肩膀从视觉上变得窄一些。

1．选择合身的外套，避免硬挺的、扩张的廓形

第一个缩肩的方法就是要选择合身的外套，避免硬挺的、扩张的廓形。虽然流行趋势如此，但是肩宽的女性最不能选择的就是这种大廓形的 oversize 类型。特别是肩膀位置向外进行了扩张，例如夸张的羊腿袖。应该穿比较合身，肩线刚好卡在自己肩膀处的衣服。

没有肩线显的肩膀更宽

2. 收腰，但不要高腰

缩肩第二个方法就是要收腰，有腰线才能体现你是一个身材凹凸有致的女性。我们看下图中的示范，左图没有束腰，显宽；右图有束腰，显瘦，而且显得身材很有型，打开前方的一个深领口，给了肩部收缩的空间。

3. 适当地露肩，选择大 V 领或露骨点

缩肩第三个方法就是穿露肩装，这是夏季非常流行的一个款式最受欢迎的是一字领的露肩，搭配宽松的荷叶边，袖子盖住比较粗的胳膊，能让这种肩部的线条展现出来。提醒一下，当露出肩线位置的时候，你一定要保证自己肩膀的线条是足够美的，最好有锁骨，穿这样的露肩装才会好看。

选择遮一部分露一部分的露肩装要比选择抹胸装明智，因为穿抹胸装时，整个胳膊贴在身上，会产生肉肉的感觉，加上宽厚的肩膀给人一种肥和胖的既视感。而且抹胸装如果过紧，胸部位置会被挤出一些小肥肉，整体效果会比较差。

4. 深 V、深 U 大领口，避免高领

缩肩的第四个方法就是要穿深 V 大领口的服装，要避免高领。在选择领子的时候，深 V 领、深 U 领可以显脸小，这主要是因从脸部到颈部延长的线条感所致。同样的，这种深 V 大领口也可以让我们的肩变窄。因为它的线条是朝中间收缩，

而且纵向拉伸，这样能够立马将你的视线聚拢到中间，自然就有了收缩效果。

下面两张图中，左图是高领的，而且是刚好卡在领口位置的上衣，上身显得浑圆。当换上深 V 领、深 U 领，或者领子足够大的时候，仅仅是一个领子就已经让人瘦掉了大概二三十斤的样子（右图）。在塑造脸型的方法中，领型是非常重要的一个部分，在穿出我们上半身的完美曲线里，领型也是一个不可忽视的点。

5．选择整体硬挺材质，避免软塌塌的或蕾丝材质

缩肩的第五个方法是选择适合的材质。在选择材质时，我们首先可以把它分为硬朗的材质和柔软的材质。对于上半身比较浑圆的人来说，最不适合穿的是那种软塌塌的柔软材质和蕾丝材质。

6．上深下浅，上身避免任何印花，尽可能地露出大长腿

缩肩的第六个方法是上深下浅，避免印花。对于上半身比较浑圆的人来说，不管是哪种印花，花色、格纹、彩色、黑白，只要是大印花就会有扩张感。如果你非常喜欢印花，可以选择下半身穿印花裙子，而上身永远是单色。

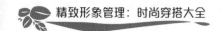

8.4 窄肩、溜肩、塌肩，5个小细节就能解决

什么是溜肩、窄肩？其实很容易判断，就是肩膀的宽度比臀部的宽度要窄，也就是肩膀和臀部这块的比例呈现正三角形的话，你就是一个窄肩膀的人了。溜肩是肩部两侧的下溜角度，超过20度就是溜肩，小于15度就是平肩。大家可以通过这个方式，来看一下自己是否溜肩。溜肩的人一般看起来头会比较大，脖子比较短。这都是跟自己的肩膀不平有关系的，下面通过扬长避短穿衣的几个方法来改善。

左面是溜肩右面是平肩

1. 垫肩

垫肩是在17世纪的时候被发明的，当时英国的国王因为肩膀很塌，为了穿上衣服更有气势，故让设计师发明。

现在各个品牌的秀场上我们会看到很多衣服都有垫肩。加上了垫肩的衣服的确气场十足。当然，我们不用像T台模特身上的衣服一样将其夸张设计，只要穿衣服时选择垫肩款就可以了。

2. oversize

oversize，意思就是大一码。这类衣服穿在身上看起来要比本人尺寸大一些，上身廓形变大之后，肩膀宽宽的感觉就有了。由于它本身的设计感，别人注意到的是大廓形从而忽略了对溜肩、窄肩还有塌肩的注意。所以说在肩头的位置进行一个修饰，是非常适合溜肩、窄肩还有塌肩的人去穿的。需要注意的是大一码没关系，原则是人本身要瘦，这样才能呈现出时尚感，否则就是膨胀感了。

3. 领型

挂脖领不错，不管是低领的挂脖领还是高领的挂脖领，对于溜肩和塌肩人来说，都是非常好的改变别人视觉印象的利器。肩头露出来，缺点由领子去盖住，刚好形成一种平衡，选择稍微宽一点的会遮盖得更好一些。还有"V"形领和"U"形领的连衣裙，也是非常适合塌肩、窄肩、溜肩的人去穿的。

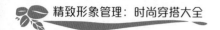

4. 袖型

我们可以在肩膀处的袖型做文章，让袖型扩张起来。不管是用泡泡袖，还是羊腿袖，还是宽大荷叶边遮盖式袖型，只要袖子的肩膀和胳膊连接处进行了改观，就容易让人忽略掉本身的身材缺陷。

5. 发型

窄肩、溜肩、塌肩的人，是不太适合留短发的，最短要盖到肩膀处。这样可以把头发放在肩膀两侧，方便遮挡肩部。

6. 围巾

除了头发可以遮盖之外，我们还可以用围巾进行遮盖。围巾本身就是造型利器，女人的风情万种是万万少不了它的，所以不妨多用一些围巾为自己搭配各种造型。

8.5 胸部丰满的人穿什么能体现高级感

胸部丰满，是被很多人羡慕的。但其实烦恼也很多，衣服穿得紧了像奶牛，穿得宽松秒变大妈，本来好好的身材，就这样被"毁"了。而且很多女性由于胸比较丰满，不好意思把整个背挺直，就不自觉地含胸甚至驼背，体态尽失。

1．服饰小设计

（1）高领不可取

　　胸部区域如果足够丰满的话，你需要给它空隙，有呼吸的空间，而不要把它包裹得严严实实（如左图）。

（2）V 领让胸部有呼吸空间

解开衬衫前胸的三颗纽扣，将衬衫打造成 V 领状态。低 V 领的衬衫可以获得高级的性感。

呈现 V 领的状态的同时，腰部这个位置要收紧

（3）避免高腰线

将胸部位置勒得太紧，也是没有给胸部呼吸的感觉。

176

2．挑选合身的衣服

（1）不能太紧身

正三角形会显得胸部丰满，比如挂脖领就是正三角形，而 V 领是倒三角形，就会显胸小。

胸更丰满了

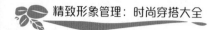

（2）不能太宽松

有腰身 +V 领更适合

　　什么是合身呢？所谓合身既不是紧身，也不是宽松，更不是宽大，而是修身。下图把紧身、修身、宽松和宽大做了一下对比。

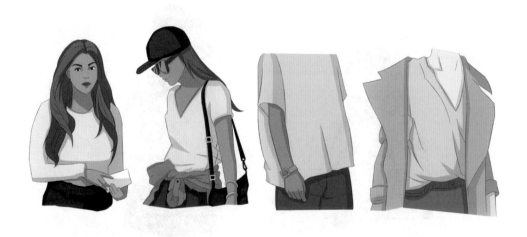

| 紧身 | 修身 | 宽松 | 宽大 |

紧身是紧绷在身上。宽大是整个把轮廓感放大。而宽松是能够体现腰身，但是有一定松度。修身是看起来不宽也不紧，但是有一定的空隙。

3．转移视线法

（1）胸部设计简单

上衣简简单单，白色形成一片模糊印象，腰身刚好卡在腰的位置

（2）露出大美脚

如果腿又细又长，那就露出来，这里大家的注意力会全部集中到腿上，就会忽视对胸部的注意。

（3）把你的香肩露出来

没有美腿的人怎么转移注意力呢？那就露肩膀！

　　如果你的肩膀或者锁骨部分比较好看的话，建议穿一字领或者斜一字领，露出肩部骨感的锁骨位置，同样会将别人的视线转移到锁骨上和美肩上。

4. 跟它们说再见

（1）和会反光面料说再见

　　反光面料，是最让身型呈现膨胀感的。不管你身体的哪个部位胖，反光面料都会将其放大三倍地显现出来。

（2）和蕾丝连衣裙说再见

蕾丝面料的服装真的是不太适合胸大的人穿。如果你是这种身材，又实在是喜欢蕾丝，那你可以把它运用在裙边上，但是不适合整个上身和下身都穿成蕾丝裙的样子。

（3）和背带裤说再见

背带裤不会适合胸部丰满的人穿着。

5．风格问题

胸部丰满的人想要穿出高级感，也需要注意塑造自己的风格。因为本身已经够性感了，就不用再去塑造性感，而酷酷的风格、利落的剪裁更适合你。

8.6 适合胸小的款式同样具有性感味道

胸小的女性如何穿出性感、高级的味道呢？让我们来看下面的内容。

☆ ☆ ☆ ☆ ☆　　小吊带　　☆ ☆ ☆ ☆ ☆

　　性感的吊带穿在胸小的女性身上，如果露出迷人的肩部曲线，更有加分的效果！在夏天，上身选择一件个性的胸衣，下身选择一条长裙，会让你有不一样的感觉，更贴合日常穿搭。在度假或者约会场合，我们也可以选择搭配超短裤。

☆ ☆ ☆ ☆ ☆　　衬衫　　☆ ☆ ☆ ☆ ☆

衬衫一般都不是修身款,挺括的布料(包括丝绸类)会让胸部丰满的女性看起来更凸显,但是对于胸小的女性却是有利的,因为它可以穿出"男友风",如果再多解开一个扣子,那么会显得比较有"小心机"。左图中人物穿的是最普通的白衬衫,白色有很强的张力,如果胸小的女性穿,会有英姿飒爽的感觉。

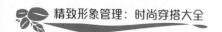

☆ ☆ ☆ ☆ ☆　深 V 款　☆ ☆ ☆ ☆ ☆

深 V 领衣服，女性穿上是非常性感的。如果是胸小的女性，穿上会非常迷人；如果是胸部丰满的女性，有可能会走光。

☆ ☆ ☆ ☆ ☆　露肩款　☆ ☆ ☆ ☆ ☆

露肩款服装也称"一字领衣服"，胸小的女性如果穿上它，锁骨再明显一些，绝对是特别美的穿搭。

8.7 胯宽臀围大的你穿这些就够了

　　我是一个胯部超级宽的人，但是很多人看我的照片或者见到我本人，都觉得我的身材凹凸有致。事实上这一切都是我通过不同的穿衣方式来改变的，所以会穿衣很关键。下面我们先了解一下，到底哪种算是胯宽的呢？

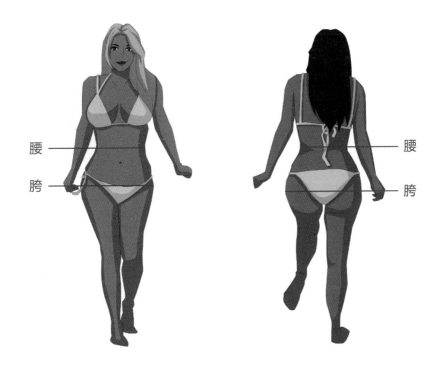

　　上图清晰地标出了腰和胯的位置，胯其实就是紧挨着腰线位置的。但有些人其实是大腿根部比较宽，这是一种假胯宽。这种假胯宽是后天的不良习惯造成的，可以通过一些运动进行改善，但是真胯宽是天生的。不管你是假胯宽，还是真胯宽，下面我们要学习的就是如何才能让别人感觉不到你的胯是宽的。

　　上一章我们讲到了体型判断的方法，其中，梨形身材就是真胯宽。所以这类型的人穿衣服的时候，首先要提高腰线，制造出自己的曲线。因为对于梨形身材的女性来说，如果不凸显腰线，给人的感觉是比较胖的。建议多穿裙子，少穿裤子。

☆ ☆ ☆ ☆ ☆　　　**开叉裙**　　☆ ☆ ☆ ☆ ☆

　　如果你的腿比较粗，胯又宽，可以选择开叉裙，即露出一条缝的裙子，这样若隐若现就显得腿比较细了。这类裙子的搭配也很简单，夏季上衣可选择一件简单的白 T 恤，或者是白衬衣。

　　在天气转凉的时候，上身可以换上毛衫，将毛衫塞到裙子里边，因为腰身对于胯宽的人来说，那是太重要了。当然，外面可以加外套。

☆ ☆ ☆ ☆ ☆　　　**A 形裙**　　☆ ☆ ☆ ☆ ☆

　　小 A 裙的好处是甜美又可爱，所以如果你是小量感又具有甜美气质的，就可以穿短款 A 形裙，但是腿要细要直。如果你的胯很宽，大腿又比较粗，那就需要连大腿也要遮住，裙长不要太短。

☆ ☆ ☆ ☆ ☆ 　　伞裙　　 ☆ ☆ ☆ ☆ ☆

　　伞裙是我的最爱，它是一款能够将女人味呈现得淋漓尽致的裙型。20 世纪 50 年代左右，迪奥先生的 NEW LOOK 造型当中，伞裙就已经大放光彩。在搭配的时候，上身尽量选择收紧的衣服，因为它下半身已经足够膨胀了。搭配衬衫、T 恤、非常简单的紧身衣，都可以将你的女性曲线体现出来。不过不管是小伞裙还是大伞裙，都要记住收腰、收腰、收腰！

☆ ☆ ☆ ☆ ☆ 　　衬衫裙　　 ☆ ☆ ☆ ☆ ☆

　　衬衫裙中间会有一排扣子，自然让大家的视线往中间去收缩。而视线往中间收缩时，整个人也会变瘦。而且衬衫裙基本上下摆都有小 A 裙或者是大 A 裙的廓形，就很好地隐藏掉了宽宽的胯部以及粗粗的腿。所以穿上衬衫裙不仅会隐藏缺点，还会超级显瘦。

☆ ☆ ☆ ☆ ☆　　短裤　　☆ ☆ ☆ ☆ ☆

　　在选择短裤的时候，要选择 A 字形的短裤，腰部收紧，下边满满呈 A 字形展开。它不能贴在你的屁股上，也不能贴在你的腿上，而是刚好遮住你大腿最粗的部分。即使是冬天也可以披上一个外套，或者是用层叠穿法，把短裤穿出好身材和时尚度。

☆ ☆ ☆ ☆ ☆　　阔腿裤　　☆ ☆ ☆ ☆ ☆

　　在选择阔腿裤的时候，给大家的建议是选择从腰部慢慢顺延下去，而不是从臀部开始就已经变得很宽的款型。而且阔腿裤也不能穿得特别宽大，我们的穿着不是为了凹造型，所以适当的宽度就好，面料下垂更显瘦。

☆ ☆ ☆ ☆ ☆　　吸烟裤　　☆ ☆ ☆ ☆ ☆

对于吸烟裤，是很有争议的。有些人说吸烟裤会显胯宽，要避开；有些人则说吸烟裤显瘦。我们分析一下下面的图片，图片中的吸烟裤，一定是让你的胯显小的。因为当面料比较硬挺的时候，它不会贴在身上，别人看到的是裤子的剪裁廓形，而忽略掉了你本身胯宽的这种印象。而材质柔软，剪裁又不到位的吸烟裤穿在身上，肯定就会显得胯宽，因为它会一览无余地暴露你胯部的状况。

☆ ☆ ☆ ☆ ☆　　外套　　☆ ☆ ☆ ☆ ☆

对于胯宽的人来说，一定要选长外套，短外套都不是好选择。特别是刚刚到臀部或大腿的都不要去选择，那是一个视觉焦点，不要让焦点在最宽处。可以选择 A 字形或 X 形的，最好是在腰的部位有收腰的，H 形直筒的就不要选择了。

禁忌款：蕾丝、紧身蕾丝裙，蛋糕裙，裹身裙，紧身闪亮材质、不能显示腰身的百褶裙，小脚裤，短外套。

8.8 不管是大象腿还是 O 形腿、筷子腿，这样搭专治腿型不完美

腿型不完美的情况比较多，有的女性大腿粗，有的女性小腿粗，有的女性腿形像 O 形或 X 形等。不管哪种，学会选择单品就可以扬长避短了。

1．选短裤

短裤不能选择紧身型的，长度要盖住大腿根部最粗的位置（见下图）。小翻边短裤可以选择，翻边容易让别人忽视大腿粗的视觉感。需要注意：在选择面料的时候，要软硬适中，太硬了会让腿部膨胀，太软了又会暴露出多余的肌肉。

斜边剪裁短裤慎重选，会将大腿围度扩大。皮质面料和闪光面料的短裤会带来膨胀感，最好也不要选择。

2. 选裤子

☆ ☆ ☆ ☆ ☆　　阔腿裤　　☆ ☆ ☆ ☆ ☆

　　阔腿裤是丝毫不用怀疑的裤型，不管你是什么腿型都能最好地掩盖，并且能凭借裤子的垂感将腿拉长拉直。不过要把三七比例掌握好，不然容易显矮胖。

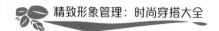

☆ ☆ ☆ ☆ ☆　　纸袋裤　　☆ ☆ ☆ ☆ ☆

　　腰间用腰带一扎，呈现了纸袋的形状，所以被称为纸袋裤。它在直筒裤和阔腿裤的基础上做了改良，对一些腿形不太直、不太完美、比较粗的人是非常有帮助的。不过，这样的裤子不适合臀部比较大的人，会将臀部放大。

☆ ☆ ☆ ☆ ☆　　水手裤　　☆ ☆ ☆ ☆ ☆

　　在腹部位置的两侧，有竖排的精致的小扣子，被称为水手裤。就是这些竖排的小扣子，将一个单面进行分割，分割成好几个窄的竖面之后，会有视觉收缩的效果，能够很好地将视线拉长拉直，形成一条大长腿的状态。

☆ ☆ ☆ ☆ ☆　　校服裤　　☆ ☆ ☆ ☆ ☆

　　无论是校服裤、运动裤，还是带有侧边的休闲裤，要是让侧边能够既修饰腿形又不学生气的话，首先要保证大腿处是合身的，臀部不要松垮。然后照一下侧身镜子，侧边能够保持近似垂直，约占 1/5 的面积是最佳的选择。

☆ ☆ ☆ ☆ ☆　　裙子　　☆ ☆ ☆ ☆ ☆

　　伞裙、长裙、A 形裙都可以选择，特别提出的是开叉裙，一条细细的开叉能将腿部显得又直又细。

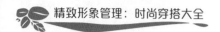

8.9 腰长腿短同样可以穿出逆天大长腿

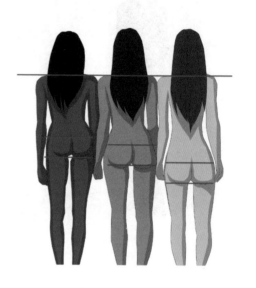

1. 什么是腰长腿短

腰腿的比例，从黑人到白人到黄种人，天生就决定了这样的比例（如图）。所以不要苦恼自己是腰长腿短的人，我们完全可以通过穿搭来把自己的优势凸显出来，让大家看起来不是五五分的比例。下面我们就来讲解具体的方法。

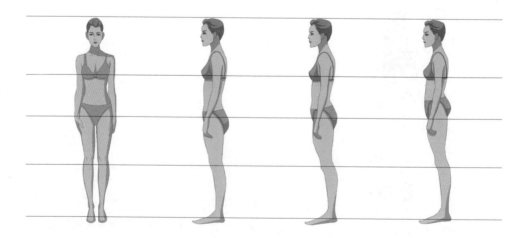

胸线到臀线的位置如果比其他的位置要长，臀线过低，就是腰长腿短型了。所以，对于亚洲女性来说，如果想获得大长腿，除了要提高腰线，还应该要隐藏臀线。

2．计算方式

先找一位自己的好闺密或亲密的人，准备一条皮尺，量出你从头顶到肚脐的距离，记录下来，再量出从肚脐到脚底的距离，记录下来。用下半身的长度除以上半身的长度，如果得到的数字接近 1.618，那么恭喜你，你是一个上下身比例非常好的人。但亚洲人能够达到 1.55，就已经非常非常棒了。当然，你可以通过穿高跟鞋来改变，高跟鞋到底穿多高？ 1.618× 头顶到肚脐的距离－下半身的数字，就是你的高跟鞋的高度了。

公式是：肚脐到地面的距离 ÷ 头顶到肚脐的距离 =1.618（标准黄金比）。如果算出的数值和 1.618 差太多就是妥妥的腰长腿短了。

3．三个小技巧

（1）焦点转移法

露出细腰，因为腰长就容易显细，当焦点转移到腰部位置的时候，就会想象出一双大长腿。也可通过穿比较性感的上衣，或者是夸张图案的 T 恤，将焦点转移到上半身。

（2）廓形重塑法

利用高腰裙，高腰裙下摆采用 A 形，会让人看不到腰的位置和臀部的位置，整个人的比例就被重塑了。

（3）色彩间隔法

上下身不要用一种颜色，比如可以上黑下白，上白下黑，或者上边用蓝色调，下边用白色调。将上半身的颜色（衣长）缩短，下半身的颜色拉长。通过色彩的间隔显示出你所拥有的大长腿。所以我们一定要学会让别人看到调整后的样子，而不是固定在自己本身拥有的样子上。

4. 适合的单品

☆ ☆ ☆ ☆ ☆　　**短款上衣**　　☆ ☆ ☆ ☆ ☆

越是腰长的人越应该选择短款上衣，它可以帮助你露出一点腰线，并将你的上半身在视觉上缩短，那剩下的就是腿了。

☆ ☆ ☆ ☆ ☆　　**短裤**　　☆ ☆ ☆ ☆ ☆

露出足够多的腿部位置的短裤或者高腰短裤，可以把整条腿的比例感延伸，还会把腿部线条完全展现出来。

☆ ☆ ☆ ☆ ☆　　**短裙**　　☆ ☆ ☆ ☆ ☆

A 形的小短裙，可以提高腰线，隐藏臀线，也能够将你的腿最大可能地露多一些。

☆ ☆ ☆ ☆ ☆　　**长裤**　　☆ ☆ ☆ ☆ ☆

穿长裤的话，就不要将腰线提得过高。因为把腰线提得过高，刚好卡在胸线以下的话，臀线位置跟腰线之间的面积会比较大，显得腰特别长。中腰裤是最适合的。

☆　☆　☆　☆　☆　　长裙　　☆　☆　☆　☆　☆

长裙尽量选择长的，能盖上脚面或脚踝，腰不要太低，这样可以将腿拉长。

☆　☆　☆　☆　☆　　连衣裙　　☆　☆　☆　☆　☆

连衣裙是每个女生衣橱中都应该有的，高腰线并且下摆能够展开的裙子是比较适合的。裙长要么是短不过膝，要么是长不露踝。

197

☆ ☆ ☆ ☆ ☆　　长外套　　☆ ☆ ☆ ☆ ☆

　　长外套可以将腰长遮盖掉，也可以将臀线遮盖掉。

☆ ☆ ☆ ☆ ☆　　长马甲　　☆ ☆ ☆ ☆ ☆

　　长款马甲，很多人会觉得它不实用，但是它却是增加造型时尚度最高的单品。

8.10 肚大腰圆看不出，全靠款型来解救

如果说你有一些小肚子，腰又比较粗，这样的身型可以被归为苹果型身材。

1. 露腿

苹果型人穿衣的正确选择就是：露腿！露出了腿，大家的视线转移到腿上，进而忽略对腰腹部的注意。这也是我们一直说的视错法，前提是腿要够美。

2. 合适的腰线

如果腰腹部和腿部都比较胖，就要注意腰线。腰线提升，但不是提升到胃部，而是提升到胸部以下。从胸部以下一直到臀部的位置，哪里最细，哪里就是你的腰线！这里用礼服裙来说明一下，下图两个礼服的穿法，显然右图更显身材。

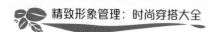

　　如果选择穿连衣裙，一定要选择上半部分是高腰线，下半部分是 A 形剪裁的，这样才会有效地遮小腹。

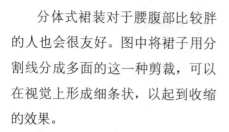

　　分体式裙装对于腰腹部比较胖的人也会很友好。图中将裙子用分割线分成多面的这一种剪裁，可以在视觉上形成细条状，以起到收缩的效果。

3. 合适的廓形

　　廓形就是服装的剪裁，比如在选择上衣的时候，要合身，要宽松适宜而且有一定的设计感。图片中袖子的设计感，可以转移我们的视线。

H 形的短款上衣，对于腰腹比较肥胖，肋骨撑起来的大肚子非常有效。可以掩藏掉没有腰身的缺陷，又能让你显得比较娇小，所以 H 形的短款上衣非常适合苹果形身材的人。A 形小阔型，腰线正确的裙子，是苹果形身材的福音。A 形要有度，不要张开得过大。下图中的 A 形裙就是我们可接受的最大幅度。

在胸线以下有一个飞边设计的上衣，也可以遮盖腰腹部的赘肉

除此之外，还可以采用叠穿的方式，我们对比下图可知，右图明显要好于左图，所以叠加式穿搭才是苹果形美女的王道！

第 9 章
属于你的颜色

你一定有过这样的体验，你会因为穿上了某个颜色瞬间变得光彩照人，也会因为某个颜色而变得灰头土脸。

而颜色本身并没有好与不好，只存在颜色跟你之间的契合度高低。

外在肤色契合度和内心契合度同样重要。

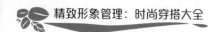

9.1 找到适合你的颜色

你会对哪一些颜色情有独钟？如果看到某种颜色就让你心情变好或者衣橱当中它的比例最高，你可以说出为什么吗？有没有感觉一下，想通过度假来放松的时候，我们一般都会选择去海边，好像置身于蔚蓝的大海中，会带来宁静和松弛。而当穿上黄色衣服时，你会不自觉地充满活力，甚至走路都更加带劲。不管你有没有想过这些问题，我们中的大多数人，都会本能地被颜色影响着状态。最显而易见的就是，你会因为穿上了某个颜色的衣服瞬间变得光彩照人，也会因为某个颜色而变得灰头土脸。颜色的反映度就是如此直接，又如此强烈，它让我们不得不去关注它、研究它。我们会看到颜色在自然界中呈现出万千景象，时时与我们每个人的外在形象和内在心境息息相关。

那么我们如何找到颜色与我们的关系呢？

第一类颜色是我们最喜爱的，能够带来好心情，这些颜色暗含着我们内心深处的需求。

第二类颜色是最适合我们肤色的，只要它在脸部周围出现，你的皮肤就能够变得更加紧致有光泽，五官也更加立体。

第三类颜色是你的认知色，这种颜色能够代表你，它的表达就是你带来的整体印象。

第四类颜色是你的和谐色，这种颜色能够带来安全感，它会让你很自如，能够找到平衡。

第五类颜色是你的能量色，这种颜色能够激发你，引爆你的内心小宇宙，只要穿上它就可以给你带来力量，整个人也会更有吸引力。

第六类颜色是你的最深色，这种颜色是秋冬季节的基础用色，也是用色范围中最深的颜色。

第七类颜色是你的最浅色，这种颜色是春夏季节的基础用色，也是用色范围中最浅的颜色。

通过这七类色的组合，我们会从外到内找到最适合我们的用色范围，可以为自己画一下色彩。

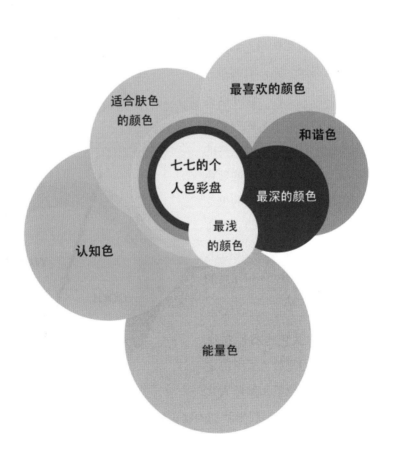

个人色彩罗盘

9.2 冷暖色决定了气质好不好

在小学的美术课程里，我们学了三原色——红黄蓝，或许有同学也用调色盘调出了红和蓝组合成的紫色，蓝和黄组合成的绿色，黄和红组合成的橙色，如果按照红橙黄绿青蓝紫转一圈，就形成了色相环。

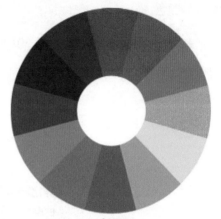

12色相环

这个色相环帮助我们认识颜色和配色，我们可以看到色彩和色彩之间的关系，有的是紧挨的邻居关系，有的是三角关系，有的是对门关系；也可以看到每一个色彩的独特性和带来的视觉感受，而在所有感受中，有一个最重要的感受是温度感受：暖与冷。左侧的紫色到蓝色，基本都是冷色调，右面的橙红到黄色，全部都是暖色调。很明显，暖色能够让人感受到温暖和炎热，如太阳、火焰等；而冷色则会带来冰冷和凉爽的感觉，如海洋、紫水晶等。

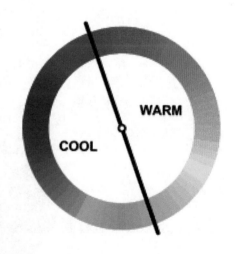

我们大部分人的肤色也有冷暖之分，这是由我们体内的三种色素所决定的。血红色素、胡萝卜色素和黑色素共同组合，按照不同比例最终呈现出我们的肤色倾向。胡萝卜色素占主导的话会呈现出橙色调的暖色倾向，血红色素占主导的话会呈现出青紫色调的冷色倾向，黑色素占主导的话肤色相对比较深，当然也有三种色素势均力敌的时候，往往呈现出中性色。判断自己的皮肤冷暖倾向需要关注到本身肌肤的基底色，也就是没有晒黑、没有化妆改变前的原色。

　　暖肤色像日光照射后的样子，会呈现出金黄色、淡黄色、象牙色，或是绿色肌肤底色的水蜜桃肤色。冷肤色像月光照射后的样子，呈现出粉红色、青白色，或是蓝色、紫色肌肤底色的玫瑰色肤色。你是暖色皮肤还是冷色皮肤，无法立即辨别，原因有很多。首先得确定你看到的是皮肤原色状态，比如，你有雀斑，不要因为这点褐色就判断自己为暖色，而高原红的粉色也不代表你就一定是冷色。其次，你需要用色卡做比对，或是仔细查看照片哪一个最吻合自己的固有肤色。

冷肤色　　　　　　　　　　　　　　暖肤色

1. 冷暖皮肤测试方法

　　（1）在自然光下，准备一面镜子，找到一个玫红色和一个橙色的物品，比如卡纸或围巾或衣服都可以，将两个颜色放在脸的左右两侧，观察哪边的脸部皮肤更匀称细腻有光泽，哪边脸部更立体。注意：不是显白就是皮肤好，皮肤好的概念是无瑕通透、水润、有光泽。如果玫红色这边比较好，那证明是冷肤色；如果橙色这边比较好，那证明是暖肤色。建议请专业形象顾问测试会比较准确一些。

　　（2）查看手腕内侧。你的静脉血管在这个位置是最明显的，看起来是偏蓝紫色还是偏绿色？如果呈现偏蓝紫色，极有可能是冷肤色；如果呈现偏绿色，你就有可能是暖肤色。当然也有些人无法分辨出自己的静脉颜色。

（3）黄金和白金哪一种首饰更适合你，黄金能否戴出贵气华丽的感觉？白金能否带出高贵冷艳的感觉？暖肤色戴黄金更有价值感，冷肤色戴白金能体现高雅气质。

（4）冷肤色皮肤在烈日暴晒之后容易晒红晒伤，暖肤色的皮肤暴晒后会变黑，而中性肤色的皮肤晒后会先泛红后转黑。

（5）了解自己是冷肤色还是暖肤色非常必要，不管是发色、化妆色还是服装色都与自己的肤色搭配合理，才能展现出好的气质；否则只能适得其反，即使很用力装扮，也找不到高级感。

2. 暖色人的颜色范围

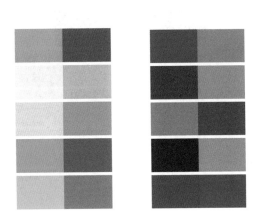

妆面用色：大地色系、橙色系、珊瑚红色系、杏色、绿色系……

发色建议：可以选择橙红色系、黄色系、棕色系……

最佳金属饰物：金饰、铜饰……

3．冷色人的颜色范围

妆面用色：玫瑰色、紫红、蓝色……

发色建议：自然发质又黑又亮，保留原本发色；染发时选择冷色系较深的颜色。

最佳金属饰物：铂金、银饰、白瓷……

9.3 深浅色影响年轻与否

颜色有一个最明显的属性，就是深浅。在色彩专业用语中，深浅被称为明度。明度有高中低的不同，从下图中可以看到明度的一个变化。高明度的颜色会带来浅、淡、清、亮的感受，低明度的颜色会带来深重暗沉的感受。而在判断我们肤色明度高低的时候，黑色素起着决定性的作用。有的人喜欢白，觉得一白遮百丑；有的人喜欢小麦色，认为小麦色的皮肤很健康。不过在世界互相交流融合的今天，肤色深也好，浅也好，只要整体颜色协调就好。

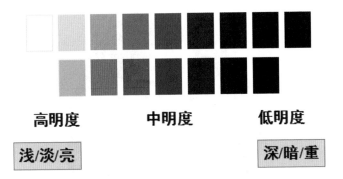

在《中国好声音》的舞台上有一位黝黑肤色的歌手，大家对她情有独钟，不仅仅是因为歌唱得好，还因为她独具特色的形象。她的肤色很深，身上衣服的颜色基本都吻合了自己的肤色。仔细观察自己的肤色后，在高中低明度里进行一下定位。

高明度特征：皮肤白、透、亮；

中明度特征：皮肤黄、哑光、柔和；

低明度特征：皮肤深、有光泽。

对自己肤色的深浅掌握后，就可以按照对应法来选择穿搭的颜色了。高明度肤色适合搭配浅淡清亮的颜色，中明度肤色适合搭配中间明度的颜色，低明度肤色适合搭配加了黑色的颜色。

9.4 深色人、浅色人配色法

深色人的特征：肤色基调为橄榄色，发色和眼球颜色较深。所以我们把这样的面部生理色归类为深色型。

适合：浓郁的，艳度中、明度低的色系。

禁忌：轻浅色。

这类型的人用色的高级感是最强的，适合的颜色本身就具有复古、高贵的印象。

　　浅色人的特征：肤色柔和娇嫩，面颊粉红，肤色与发色对比度较小，中等纯度。浅色型人整个面部色彩从总体来说是清浅的，缺乏对比。当她们穿深色的衣服会有被颜色吞没的感觉。浅色型人分为浅暖型和浅冷型，符合"浅"的用色规律的人并不是说只能穿浅色，而是整体搭配看起来要以轻浅为主，不能太沉暗，不适合选择纯黑、深棕等颜色，更不能把这些深沉的颜色配在一起同时穿在身上。最好以高明度至中等明度的轻浅色彩为主，如果用到深色也一定要有浅色与之相配才好。

9.5 鲜艳色是这样来搭配的

　　色彩里还有一个概念叫纯度，也叫色彩的鲜艳度。下图从左到右从最纯正的红色开始，加入其他色彩后纯度越来越低，饱和度也越来越低。从鲜艳强烈的视觉印象逐渐变成了浑浊黯淡的感觉。

有一类人，也可以称为纯度高的艳色人，她们的特征是：中明度的肤色，很深的发色，亮而深的眼球，立体的五官，带来眉眼分明的视觉感。

这一类人适合的颜色是纯正的颜色，两色之间的搭配也要形成对比感才能凸显人的整体魅力。最忌讳穿浑浊的颜色，会让人看起来无精打采，甚至像生了重病一样。颜色之间的剧烈碰撞会在这一类人身上产生意想不到的好效果。

9.6 柔和色让你如此高级

　　与饱和艳丽的颜色相反的一类色被称为柔和色，看起来很浑浊，不清楚。色系的颜色都很接近，可以统称为高级灰。简单理解就是，我们常见的颜色中，打上了一层高级灰，使得整个感觉都显得低调柔和。 都说女人如水，穿上柔和色系的女人就更是如鱼得水了。穿在身上，从不喧宾夺主，能很好地衬托出女人的温柔和雅致。

　　而有一类人恰恰最适合穿这种颜色，且在亚洲人里居多，这类人称为柔和人。

　　这类人的特征是：高明度的皮肤色，发色柔和，五官对比度不强，眼神柔和。

　　这类型人在穿着柔和色彩的服装时，有一种优雅到骨子里的味道。与世无争却又如幽兰一样暗自芬芳，让你无法忽视她的存在。如果说艳色人能够一下抢夺你的眼球的话，柔和人是看到后目光再也不想移开的那种。这种人最忌讳穿着艳丽色，会直接被夺走本身的高雅感。

9.7 黑白灰这么玩才是高级感

黑白灰有着天生的优雅气质，有着化繁为简的力量，散发着低调而华丽的气息。如今很多人都迷恋黑白灰的打扮，一是受性冷淡风潮的影响，极简在黑白灰的诠释下变得更加流行；二是随着经典的不断回潮，黑白灰在时尚的轮回中始终不变，对于各个年龄层黑白灰都是衣橱必备。对于黑白灰之间的配色，倒是怎么搭配都无妨，但是若想配出高级感，还需要在以下五点上下功夫。

1. 材质

每年 T 台上各种秀场的展示，设计师在开始设计研发时最先考虑到的就是材质，甚至是每个品牌的竞争都是从面料设计开始的。我们物理课中不是学过吗？物体是由"形色质"构成的，在色彩只有黑白灰时，材质就显得尤为重要。黑白灰经常会以整套单色来呈现，也只有上乘的面料才能展现出这种整体的质感。当然，也可以运用颜色不变、材质混搭的方式。

　　既然提到材质，我们就要提一下蕾丝。虽然很多人都把蕾丝当成展现女性味道的利器，但并不是所有的人都适合穿蕾丝，而且蕾丝真的是黑白灰这三色才是高级的。那些红蕾丝、绿蕾丝、粉蕾丝，非常难驾驭，一不小心就会陷入艳俗里。用蕾丝材质做小面积点缀也是一种高级的搭配方式，也更适合我们大部分人来运用。还有透视型的面料，一定也要跟黑白灰进行搭配才会有质感。

2. 廓形

　　黑白配是很多明星博主经常使用的搭配方式，我们一穿就平庸，而她们的黑白配却总是让人感受到满屏的时尚大牌范儿，原因就是"型"。

　　廓形的重要我们在前面章节已经讲过，而现代廓形的原始型大部分来自建筑。细细观察一下现代都市的这些建筑，但凡让你感觉充满时尚现代设计感的都是黑白

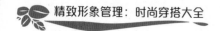

灰的组合。服装风格和建筑风格本身就是一脉相承，如果服装本身注重的是廓形结构，黑白灰才是它的最佳搭档。反之亦然。

3．设计感

只穿黑白灰，就要选择与众不同的单品设计。单品本身设计上自带时尚感，根本不需要颜色来扰乱。其他元素过于复杂的时候，颜色就应该足够简单。当然并不一定是整件单品都非常复杂，在细节处有一些特别的设计，本身就很出挑。款式和颜色往往呈现出你进我退的状态，黑白灰在这个时候更加能够凸显高级性。

4. 图案

黑白灰相配的图案，是经典和复古的。比如波点，不管是白底黑波点还是黑底白波点，跟黑白灰在一起才是正确的打开方式。如果换成其他颜色的波点，高级感就没有那么强。黑白条纹永远是最经典的。20 世纪二三十年代到现代的明星们，只要是穿黑白条纹，永远都是那么时尚优雅。而换成其他颜色的条纹，就很容易出错。黑白条纹的海魂衫，也是法国女人的最爱之一，是衣橱当中的必备款。还有格纹，小格子和千鸟格也一定是黑白配在一起最好看，体现一种青春的、复古的高级味道。

5. 配饰

黑白灰为主色调的服装，也可以在配饰上下一点工夫。比如，搭配一款带有颜色的包包，或者带有颜色的帽子，比较特别的鞋子，还有项链、手链、眼镜，都可

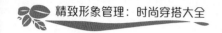
以夸张有特色一些。当然大耳环、丝巾也是搭配利器，即使同样是黑白灰的色调，只要有它们的存在，高级感也是很容易显现出来的。

9.8 | 称肤色的发色才是最佳色

世界上主要有有三种肤色的人，造物主也给这些肤色配上了不同的发色。白肤色的配上黄头发，黄肤色的配上黑头发，黑肤色的配上棕头发。按照色彩理论学，这些配色还真的是高级配色。我一直都觉得，大自然是最棒的调色师，总会让我们看到非常美丽的景象，配色手法绝对一流。不过在追求个性化和精致化的今天，我们急切地想表达自己的个性，所以为自己的头发换一个颜色就成了趋之若鹜的事情。不过要记得保持本身自然的规律，在这个基础上微微调整就可以了。

先来分析一下保持黑头发和深色发色的好处，前面已经讲述过，想要皮肤色调的驾驭度更宽，能够穿的颜色也更多，皮肤就要保持白净的状态，头发要保持深色的状态，这样最浅色的皮肤和最深色的发色能够形成一个对比度。当两者的对比度强了，驾驭颜色的广度就会增强。中国人有一句话叫"一白遮百丑"，实际上，"白"并不能遮百丑，而是皮肤白一些，驾驭颜色的范围会比较广，从浅色到深色都可以穿。而当皮肤很白，头发又很黑的时候，从深到浅，从艳丽到柔和，整个颜色的广度就增强了。

那么接下来，看哪些人适合染哪些发色。一般五官长得特别淡雅的女孩子发色也适合柔和一些，略深的颜色反而会显得过于沉重。柔和的栗色调，让整体轻盈雅致，肤色也会被衬托得更加匀整和清透。

染发也分冷暖，如果你是暖肤色的人，适合染一些暖色调的柔和色系的颜色，会让你灵气十足，肤色质感也会增强，比如栗色调、黄色调、橙色调、棕色调。而冷肤色的人，适合染一些冷色调或保持自然的黑发状态，才会拥有女神范。灰色调、蓝色调、青色调是冷色调的一种状态。葡萄紫、深酒红色也是冷色调的一种状态。

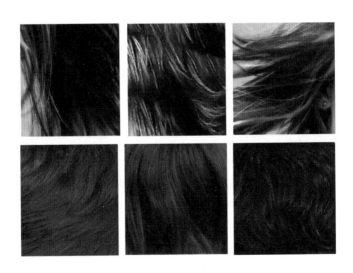

对于皮肤是暖色，而且比较白的人来说，发色的选择范围是比较广的。染发调

色板上偏金或者是偏红的棕色系都可以选择。如果皮肤很白的话，可以挑染金色或浅的亚麻色。不过需要记住一点，发色至少要比自己的皮肤深 2 ~ 3 个色号以上。因为你的肤色和发色不形成对比度的话，颜色选择范围就会比较小。如果皮肤不太白，那么浅色和荧光色一定要避开。可以选择深的亚麻色，或者略带红调的棕色。

冷白皮在美妆界是非常令人羡慕的，T 台上也更多地塑造一些冷白皮的形象。这种高冷范儿，很适合打造一些比较立体的妆感和冷艳的造型。所以在选择发色的时候，可以任性一些，银色、灰色、蓝色，这些寻常人难以驾驭的发色都能够 HOLD 住。如果肤质不好的话还是选择挑染比较保险。不过如果不是演艺明星或模特，建议你一直保持自然的黑发，就非常到位。如果是冷调的皮肤但不白，黑色和比较深的冷色系会比较适合。在黑色中加入一些蓝紫色调，或者是在发尾挑染蓝紫色，都是适合于比较追求时尚的人。

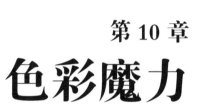

第 10 章
色彩魔力

总有一种颜色让你喜爱至极，看到之后内心瞬间被满足。

也总有一些颜色让你极不舒服，绝对不会让它在你的世界里出现。

是的，颜色是有语言的，甚至是带有魔力的。

有些会让你立马血脉贲张，有些会瞬间平复你杂乱的心情，有些会助你减肥成功，有些会给你最好的睡眠保障……

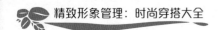

10.1 红色能量和搭配

红色应该是我们中国人最喜爱的颜色了，过春节的时候，我们喜欢用大红的灯笼，大红的春联儿，还有红色的中国结。有喜事的时候，嫁娶的时候也会用红色，而新娘子必有的一套大红色的装扮。中国人对红色的喜爱，是自古以来的。而红色在现代也成了代表中国人的颜色。红色到底具有什么样的能量，让我们的世世代代如此热爱呢？首先它是一种激发人的色彩能量，当红色在周边出现时，能够给人带来力量、安全感和意志力。它能够刺激人体的血液循环，激发人的雄心，让人们富有挑战性。还可以帮助我们集中注意力，消除过往的障碍和困惑。它也代表着源源不断的生命力，我们身体流淌的血液就是红色。

我想这些所有的红色特质就是我们的祖先也好，我们现代人也好，特别喜欢红色的原因。而且红色是最先被发现的一个颜色，是一种源自人类本能的颜色，代表了一种自然而原始的能量，极富开拓性。红色能带来更多的自信，可以让你下定决心，并激发你做出反应果断采取行动，最终掌握一切。当你自我感觉还可以，但仍然需要来点额外动力的时候，红色可谓是完美的选择。 而当手头的任务到了截止日期，你需要给自己加油的时候，也可以用红色来刺激一下。从这个角度来说，红色是不错的咖啡替代物。

有个名词"烈焰红唇"充满了诱惑力，是因为红色能够刺激最原始的一种激情，所以说红色才是最性感的颜色。英国做过一项调查， 研究者向 50 位英国的男性出示了同一组照片，照片中的女性嘴唇分别为大红色、粉红色和没有化妆的自然唇色。调查结果显示，73% 的男性会被涂有大红色口红的女性所吸引，而 67% 的人会被涂有粉红色口红的女性所吸引，只有 22% 的人会留意裸唇。留意的时间长短，自然色为 2.2 秒，粉红色为 6.7 秒，大红色是 7.3 秒。另外 39% 的被调查者也会被女性的双眼所吸引，不过被眼睛吸引到的数据要排在红唇之后。都说眼睛是心灵的窗户，但是却赶不上涂上红色的嘴唇。

不过任何颜色都是有两面性的，红色也不例外。人们会因为尴尬害羞而脸红，而陷入愤怒、丧失理性的人，眼中就只有红色。所以红色也代表着危险和战争，如果你本身比较焦躁易怒，还是少用红色的好。就比如我之前有一个学员，她就不适合用红色，因为太容易冲动。而且还有学员说起过，自己家的亲戚经常会发生一些不太好的事情，比如暴力、车祸，学习了色彩才发现是他们家里到处充斥着红色的缘故。

红色还会让血液变得更加沸腾，流量加速，所以能够帮人保持体温。这就是我们在冬天喜欢穿大红色的原因了。它也可以预防感冒，不过对于有高血压的人最好少穿红色。

如果你出现了以下状况，可以多穿红色或为自己周边的环境布置上红色：在精神上感觉跟物质世界毫无关系，甚至是不想跟现实的生活有所牵连；在情绪上总会担心财务问题、安全问题，担心自己的基本需求得不到满足；而在身体方面，不太爱运动，甚至连手指都懒得动。

1. 红色与黑色搭配

在大家印象中，好像觉得红色跟黑色是绝配，但是我要告诉大家的是，黑色和红色不能单独搭配在一起，因为红色本身是比较饱和的颜色，黑色又是最深沉的颜色，这两个颜色一撞击，会有一些压抑的感觉。记得有一本《红与黑》，整本书也是用红与黑这两个颜色撞击，代表了主人公内心的纠结和压抑。所以真正的时尚达人，在搭配红与黑时，都会加入另外一种颜色，那就都会加入第三色。白色、灰色或者金色、绿色。

2. 红色与灰色搭配

红色搭配灰色，也需要有白色的介入，才会显得更高级一些。在进行配色时，不只是我们穿在身上的衣服，我们拎在手里的包包也是配色的一部分。红色能够带来非常强的气场，并且具有性感诱惑的魅力。

3. 红色与白色搭配

白色可以与红色衣服单独进行搭配，不需要第三种颜色的介入。两色搭配时需要注意的是两色之间的面积比，9：1，8：2，7：3是时尚人士最爱的，最忌讳的是5：5。

4. 红色与有彩色的搭配

（1）同色系搭配：红—粉红

左图中，整套运用红色系列进行搭配，从粉色到玫红色再到大红色形成渐变。这叫同色系配色，能带来一种和谐统一感。

（2）三原色搭配

左图中，色彩中的红色、黄色、蓝色属于源色，也是能有颜色的始祖。所以红色和蓝色、红色和黄色的配色被称为原色配色，也是两组经典配色。红和蓝配色在动画片里经常被用到，时尚品牌也经常拿来运用，有整体复古优雅的高级感。

红色和黄色组合在一起，很像西红柿炒鸡蛋，是一种非常具有青春活力的配色。

（3）邻近色搭配

在色相环中，颜色是按照红橙黄绿蓝青紫排列而成。橙色和紫色在红色的两侧，相当于红色的邻居，组合在一起叫邻近色配色。

右图中，红色跟紫色呈现华丽的复古感。

加了黑的红色和加了黑的橙色配出了浓浓的生命力。

（4）对比色搭配：红—绿

不管是万丛红中一点绿还是万丛绿中一点红，都是在讲这两个色的配色。在色相环上，这两组色是相对的，也称为补色，配在一起可以叫补色配色，也可以叫对比色配色。需要注意的是面积比的问题，1∶9是最高级的配色方法。当然还可以运用另外一种组合方法，即降低其中一个色的饱和度，同样属于撞色配色，但时尚度不减。

10.2 橙色能量和搭配

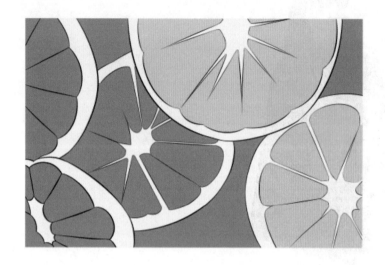

提到橙色，大家首先想到的是鲜甜清新的橙子。在色感中，橙色是让人感受最暖的色彩，象征着自然和太阳的热量，是活力的代表色，是欢喜的代名词。橙色也是让人幸福的颜色，具有抗抑郁特质，能够提升你的生活质量。你可以通过使用橙色让自己变得更加乐观，更有创造力。

你可以用橙色来让工作充满快乐，让生活充满乐趣。因为橙色是最好的情绪调节激剂，直通五官，可以移除很多限制，让一个人形成跟周围人相互依赖的心理，渴望展开社交活动。

作为明度很高的颜色，橙色常被作为警示色，比如大家熟悉的救生衣、安全帽、三角锥都会用到橙色。再如：世界各地的高速公路、隧道里的灯光及汽车雾灯，也都会选择橙色。在古罗马时期，新娘会穿上橙色的衣服，象征她对爱人的忠诚。

有一幅名画叫《炽热的六月》，画中女孩的橙色长裙足以体现六月的"炽热"，画家独特的视角，加上模特身体优美的弯曲使这幅画与众不同，艳丽的色彩也使这幅作品格外抢眼。

　　不知你有没有注意到，不少餐厅的装潢也都会运用到橙色，这是什么原因呢？没错，因为橙色与我们的欲望相关，在餐厅里多用橙色可以让人增强食欲，胃口大开。

　　网页设计师也会将橙色运用到购物网站里，激发我们的购买欲，比如淘宝、阿里巴巴、平安保险都选择用橙色来刺激我们，让我们下单。

　　而说到依赖，可以理解为当我们不了解内在的匮乏感的源头在哪里时，就会企图用外在的关系或物质来填满自己，让自己感到充实，而忘却了对自我内在资源的

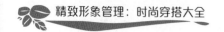

探索与开发，一再陷入无法被满足的关系和物质状态里。

橙色是所有颜色中最能消化和吸收惊恐与创伤的色彩，因为它与我们的第二个身体——乙太体相关，在乙太体中收藏的惊恐记忆，只有在橙色的呵护下才能清理干净，可以让我们保持心态平和，在正确的时间与地点，专心致志地做正确的事情。

经常静心可以帮助我们获取大自然的能量，在橙色的呼吸中，将一吐一吸的深刻能量慢慢地带入腹部，与最深的感受——喜怒哀乐在此相逢，学会与自己、与自然的和谐相处。

与白色搭配

同色系搭配

对比色搭配

邻近色搭配

邻近色搭配

10.3 黄色能量和搭配

　　黄色有着太阳般的光辉，穿上黄色的衣服，温暖至极。黄色在遇到光的照射后，会呈现为金色。那种金灿灿的感觉象征着财富和权利。它还代表着自信外向、有丰富的想象力、创造力、洞察力、说服力。当你感觉内心疲倦时，黄色能点燃你内心的火花，让你的思想变得更加睿智，它还能激发人的好奇心。在身体方面还可以促进新陈代谢，是减肥人士不错的选择。

　　对于那些吹毛求疵，否定一切，容易被自己思想束缚的人，表现比较莽撞的人，可以多穿黄色系服装。当你想要激发自己的思维能力时，当你想要告诉自己和他人你可以做什么，你可以做到多优秀的时候以及不想让自己情绪低落或沮丧时，当你想展示自己的聪明能干时，可以多多运用黄色，穿在身上或布置在周围。黄色食物也是不错的选择，可以让你的性格变得开朗，为生活增加激情，还可以排除体内毒素，提高身体免疫力。但如果你是黄色能量强的人，太多黄色可能会让你忽略自己的直觉和感受。

白色的表现方式

黄色和黑色搭配

蓝色和黄色搭配

同色系搭配

10.4 绿色能量和搭配

每当我们身心俱疲的时候，最想投入大自然的怀抱，因为大自然里有最好的疗愈色——绿色。办公室工作的人员，只要办公桌上有一盆小绿植，就能适度缓解视觉疲劳，看到它也会让心情稍稍放轻松。每当乏味感涌来，只要将眼睛移向窗外，绿色瞬间能抚平你的烦躁。绿色能让人感到平静安详，它也是绝佳的平衡剂，可以平衡每个季节的温度。同时它也是冷色和暖色之间的桥梁，连接着天空与大地。

绿色是春天的象征，是希望的象征。绿色给人的心理印象是清新、青春、生命力、希望、安全、舒服、和平、环保等。

综合来看，绿色能让人有一种新生感，达到内心平静、和谐。它是用一种无条

件的爱平衡人的整体。但如果你是绿色能量的
人，太多绿色可能会让你不懂拒绝，爱心太多，
有时会对你不利，一旦出现这种情况，建议使
用黄色来保持立场，强化你心中的欲望。

邻近色搭配

同色系搭配

对比色搭配

10.5 蓝色能量和搭配

　　提到蓝色，很多人会想到无垠的天空和广袤的大海，同时会用天空和大海来形容人类脑海深处的无限世界。蓝色会让我们进入一种身心平静的状态，它是一个冷静的，使人心绪稳定的颜色。

　　蓝色有助于提升本能和直觉，对神经系统有良好的安抚作用，能让你的神经系统得到极大的放松，我们可以用蓝色来放松思想，是极度活跃和有睡眠问题的孩子的理想之选。所以失眠的时候，也可以想象自己跳入了蓝色海洋。在思想方面，蓝色会让你更加果断，让你的思想更加清澈，能够减缓焦虑，缓和比较紧张的情绪，让内心形成更大的信任感。除此之外，还能够赋予你睿智和澄净，提高你的交际能力、表达能力，有助于你更好地认识自己。如果你是容易害羞的人，你是害怕改变的人或者你总是不能够引起他人的注意，这时可以多穿蓝色服装。如果你想提高自己的逻辑能力和分析能力，想平息狂躁、浮躁的心，让自己变得更加自信，希望和他人之间的沟通比较清晰无误，也要多穿蓝色服装。

搭配白色

搭配黑色

原色搭配

对比色搭配

邻近色搭配

10.6 青色能量和搭配

青色也叫靛蓝色，它原本指的是一种含有蓝色染料的植物提取物，因它延伸出的蓝染工艺被人们所熟知，也是最古老的染料之一。它比蓝色深一些，加入了一些紫色调，最纯正的经典牛仔蓝就是青色。它的蓝不同于普通的蓝，它的美也不曲高和寡，那种深邃的色彩低调又温婉，它是属于艺术的。那种天然去雕饰的蓝色带给我们平静、深远。青色可以提升人的直觉力和洞察力，它代表着人的潜意识，可以让人进入更为宽广的内心世界。

青色具有一种平衡、平和的力量，能让人一窥生命深层次的神秘感，还代表着人的梦境和无意识。当你和爱人睡在青色床单上时，你和爱人之间的关系就能加深一层。当你神情恍惚、思想混乱、晕晕沉沉、心不在焉的时候，可以多穿青色服装，当你想挖掘直觉或潜意识的时候，也可以多穿青色服装；当你想让自己纷乱的思绪平静下来时，当你想显示你的敏感和探究你的精神世界时，都可以多穿青色服装。

白色搭配

对比色搭配

同色系搭配

邻近色搭配

原色搭配

10.7 紫色能量和搭配

紫色是高贵和神秘的象征，在历史上它常常是贵族喜欢用的颜色。在中国的传统里，紫色也是象征王者的颜色，北京的故宫称为紫禁城，也有紫气东来之说。

紫色代表了一种强烈的感情，当你消极的时候、无助的时候、沮丧的时候、绝望的时候，可以多穿紫色服装。紫色可以帮你净化思想和情绪，启发你做事的灵感，能够将你与自己的精神自我联系在一起，引导你走向光明，赋予你智慧与内心的力量。它还能提升你的艺术才能和创造力。紫色可以帮助你减少饥饿感，放松肌肉，还能平衡包括身体新陈代谢在内的身体内部机能，以起到镇静的作用。不过一个人在穿衣搭配上过多使用紫色的话，会有一种舍我其谁的感觉，容易迷失自我，所以平衡才是最佳的。

与黑色搭配

对比色搭配

邻近色搭配

邻近色搭配

第 11 章
更美和百变的你

或许你也像我一样，对美丽有不懈的追求，

希望自己形象多变而又魅力无穷。

那你一定要把衣橱搞定，

因为那里面藏着你的过去，现在和未来……

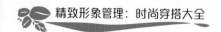

11.1 打开衣橱就打开了你的全部人生

　　作为一名形象顾问，我经常会看到很多女性的衣橱，从衣橱的状态看到她整个人的生活状态。有的衣橱井井有条，家中环境也是整洁有序，这类女性往往思维非常清晰，知道自己要什么，怎么得到，所以她们基本都是比较幸福的一类人；有的衣橱像"联合国"，各种款式、各种颜色、各种流行，这类女性往往追着流行走，找不到自己的风格，容易人云亦云，经常迷失自我；有的衣橱清一色的黑白灰，款式很少，风格单一，这类女性要么是比较保守要么是比较严谨，但一般内心都比较封闭；有的衣橱打开后就像火山爆发，整个涌到外面，这类女性往往情绪不稳定，经常觉得不被爱，最爱买衣服，却总是找不到衣服穿。但不管是哪种状态，每个女人都会觉得自己衣橱里永远少一件衣服。

　　通过前面章节的介绍，我们已经懂得穿什么样的衣服会折射我们是什么样的人，那么衣橱就是综合了我们整个人的人生状态。精致女人的家通常都是独立式mini衣橱，而且她们在十分钟内就可以找到自己需要的穿着。"合理有序的衣橱"可以帮你节约更多时间，节约在挑选衣服上的时间，可以有更多时间审视自己。衣橱太杂乱，会扰乱你对自我的认知。那些懂得管理好自己衣橱的人，必然懂得管理好自己的生活。她们自律、克制，清楚自己的需求，明确自己的风格，把生活过得精致又踏实。

11.2 衣橱整理是与自己的内心对话

　　每天早上站在衣橱前，你是欣喜呢还是苦恼呢？要知道，我们一天的好心情往往都是从这里开始的。据我了解，有些人不管衣服多还是少，在衣橱面前苦恼的时间总是大于欣喜的时间。我们有没有想过，为什么整整一个衣橱的衣服还是无法迅速找到适合今天场合的，为什么衣服买得越多越没有安全感，为什么衣橱总是不够用。现在请打开你的衣橱，先确定一个顺序，比如从上到下，或者从左到右。接下来你需要跟每一件衣服进行一次对话，不要嫌麻烦，这样才能知道你到底需要什么。拿起一件衣服后，想一下它带给你的感受。

① 它让你欣喜吗？能够让你想起穿上它之后的好身材和收到的艳羡目光或是某一段美好时光吗？是的话请谢谢它，并把它放到喜爱的一类，这是能够带来好感觉的。

② 你会经常穿着它吗？它很好搭配吗？它是衣橱必备款吗？它的颜色很经典吗？是的话把它放到必留款中，这是衣橱的基础。

③ 它是你的风格款吗？它吻合你的风格，能够展现最好的你吗？是的话也要把它放到必留款中，它是衣橱的中坚力量。

④ 它是重要人送的礼物吗？或许它对你来说是一种纪念，但很多时候却是一种牵绊，适时地告别才会有更多的空间去容纳更美好的事物，衣橱是，心房也是。

⑤ 不知道怎么搭配？因为流行、因为促销、因为广告。除了经典款和风格款值得拿来搭配用，其他都是因为自己一时的贪念，警醒自己并向它们告别。

⑥ 它很贵，是名牌，却从不穿？它是一种弥补、一种欲望，但真正的富足是不需要任何东西来彰显的。

通过与每一件衣服的对话，你像是回顾了一遍自己的心路历程。更加明确，自己有什么；更加确定，自己需要的是什么；更加坚定，自己现在该如何对待每一件衣服。

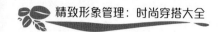

11.3 扔掉那些已经配不上你的衣服吧

我们必须要知道的是，学会舍弃，才是做好整理的前提。

1. 如何找出需要丢弃的衣物

首先，将你衣橱里的所有衣服统统拿出来，堆放在床上，并按照以下三个方面进行大致分类。

留：非常满意、重复穿搭的。

丢：小时候买不起，长大后买来做弥补的衣物；

已经污损的衣服；

一年内没有穿过的衣物；

不适合当下年龄及身份的衣物；

不适于自己的风格、色彩的衣物；

无法修饰身材的衣物；

尺寸不合的衣物。

待：不确定如何搭配的，把这些衣服暂时收到整理箱，放在衣橱的最顶层。待过一段时间再观察，看看自己还是否会重复利用那些单品，若几个月下来还没用到，就一定要处理掉。

肯定不会再穿的衣服将其打包后，切莫再放回衣柜。继续穿品质不好或风格款式不再适合自己的衣服，只会为你的衣橱带来更大的负担，同时，也不利于塑造自己的形象。

　　至于那些坚决留下来、质量也不错的单品，又该怎么安排呢？在做出规划之前，你一定要知道自己的穿衣体系，才能打造出风格统一又有条理的衣橱，并能大量节省出每天早晨花费在穿衣镜前的时间。

2. 如何建立一套穿衣体系

　　前面章节我们一直在讲穿衣体系的建立问题，这里简明扼要地将这个问题的答案总结为：

明确你需要出现的场合（上班、开会、休闲、聚会等）

☟

根据场合的比例来确定所需衣服的套数（例如上班族至少准备 5 套搭配）

☟

将风格统一的衣服彼此组合，形成几套固定搭配

　　较为出挑的单品，可另视为一种体系。简单来说，就是在不添新衣的前提下，做好衣服搭配的工作，并记录下来。养成使用精致衣橱的习惯，享受穿衣的自由。

11.4 不整理衣橱会怎么样

　　① 没有整理过的衣橱，就是没有生命力的，不穿的衣服就是每个女人都要付的学费，只有这笔学费付过以后，才能收获更有魅力、更有生命力的衣橱！

　　② 当你的衣橱未被清理时，你就会不自觉地重复犯各种同样的错误（购买和搭配），且后期很难注意到。

　　③ 被约束在一个特性之中，不愿意去扩大自己的审美视野和提升穿衣境界，比如总是买同一类型、同一款式或者同一颜色的服装。

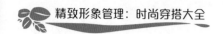

④ 无法建立自己的穿衣风格，什么流行买什么。这是很多自身条件不错，又懂时尚的女性容易出现的状况。到最后，她们自己就会感到不堪重负，自己也不清楚到底该往哪个方向去走。

11.5 衣橱归类法则

1. 将衣服进一步细分

这个步骤看似简单，但却是最重要的准备工作。将衣服分类做好，那后续的整理和收纳也会事半功倍。

（1）按照衣服类型分类

● 上装（T恤、衬衫、针织衫、背心等）

● 下装（裤装、裙装）

● 外套（轻薄型：风衣、夹克等；厚重型：毛呢大衣、棉服等）

● 内衣裤

● 配饰（帽子、袜子、腰带、围巾等）

（2）按照衣服颜色 / 长短分类

● 由深至浅

● 由长至短

当然，这个分类方法并不是最绝对的。每个人的衣橱情况不尽相同，你可以按照自己的实际情况，以这个为参照准则去实施。

误区：换季分类并没有必要。其实，除非较厚或者较轻薄的外套在适当季节里可以收起来，其他像 T 恤、牛仔裤之类的单品是可以穿三季的。

2. 掌握衣服的收纳方法

衣服的收纳方法，总结为以下两点：

- 悬挂法

- 叠放法

（1）悬挂并不是最好的收纳方法

不推荐所有衣服悬挂收纳的原因有两点：一是我们的衣橱空间有限，二是个别特殊材质的衣物不适合悬挂。那么适合悬挂法的衣物有哪些呢？

- 大衣、西装外套类

- 衬衫、连衣裙类（易起褶皱）

- 当季就穿的上装

Tips :

衣物全部正向悬挂，若经常出现衣服滑落现象，检查衣领处第一个纽扣是否扣严，再就是减少悬挂数量或者更换防滑衣架。

（2）除了悬挂法，还有叠放收纳

如果悬挂空间不足，那就要采用叠放的方法了。有一些衣物像是毛衣、针织衫这类材质的上衣以及裤装，建议叠放收纳。一是为了防止变形，二是节省空间、便于查找。

诀窍：先卷折然后垂直存放，日后我们再找起衣服时也会一目了然。需要注意

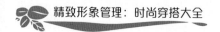

的是，尽量不要采取叠摞衣物的方式，如果必须要叠摞放置，叠摞的衣服也不要超过 5 件。

> **Tips：**
>
> 设计特殊的衣服（如有钉珠和亮片等材质），可以用包装袋独立包装，以免剐破其他衣物。

11.6 学会聪明地购物

在今天，随时随地都会看到"买买买"的广告不断地刺激我们的欲望，我们通过不停地购物填补内心的空缺，填满家里每个角落，却发现没有一件可以满足自己。你有没有问过自己：你真的需要那些东西吗？它们可以提高你的生活质量吗？量入为出总是好事。买得越少、家务越少，屋内也不会乱七八糟。买得越少、存款越多，就可以做更多更好的事情。当你不用再心心念念为了只是买到那只新包、那件新衣时，你就可以从物欲中解放出来，去感受真实的自己。所以建议大家在外出购物时提前列一个购物清单，这样在面对琳琅满目的商品时就能保持判断力和控制力。另外还应该保持记账的习惯，记下每天的开支你会惊讶于自己在琐碎之物上居然花了这么多钱。控制住很多不必要的开支，少了不需要的东西，生活会变得井井有条。

还要试着克服疯狂购衣的不良习惯，不要因为折扣或优惠活动而买衣服。相信我，通常因为折扣买回去的都会后悔，要养成评估衣服意义的习惯，评估每件衣服对你的意义。你喜欢它吗？它能代表你的风格吗？它符合你在不同身份中的角色吗？对待自己的衣橱就应该像对待自己一样，绝不允许破坏自己的东西进入。通过前面的整理你已经知道了自己有什么、缺什么，这样就可以有计划地来去购买衣橱里缺少的品类。

11.7 永远给自己选择最好的

　　买的物品少，意味着品质最为重要，要舍得在优质物品上花钱。我曾经也是互联网购物沦陷者，因为看到很多东西很便宜，每次下单至少 3 件起。但是这些衣服有些穿了一次，有些竟然一次都没穿，越来越多地堆积在衣橱里。当不舒服的面料穿在身上时，你会觉得身体在受难；当服装板型不好时，穿上只能是暴露缺点；而当做工不好，看到那歪歪扭扭的线，人生好像都扭曲了似的。好的衣服在面料质地上一定是舒适的，板型上是考究的，做工上是精致的。记得《魅影巨匠》里的那些名流们，每当穿上巨匠设计师的量身定制服装后，身姿一下就会变得更加挺拔，赘肉完全被隐藏，整个人熠熠生辉。里面有一句话说："好的服装给了我勇气！"永远不要小瞧服装的巨大能力，尤其是它跟你如此靠近。

　　所以现在我一直都会在自己能力范围之内，选择最好的。最好的不代表一定是大品牌，但绝对是让你穿上它之后如沐春风，给你带来最好的感觉。因为好感觉对每个人来说都很重要，处在好感觉里，才会越来越好，这就是秘密告诉我们的宇宙法则。如果你细心观察一下，那些舍得为自己花钱的女子，生活过得都不差。希望你不要买太多不需要的衣服去扰乱自己的衣橱，而是打开衣橱后看到每一件精致的衣服都能诠释你自己，能在每个场合和时刻都能给你带去勇气和好心情。

11.8 你值得收获一个百分百的自己

女人可以在三十岁时美丽动人，四十岁迷人，以及令人无法抗拒地度过余生。
——COCO CHANEL

　　从 20 岁到 40 岁，我们审美的标准一直在变。很难讲哪种变化是好的，哪种又是不好的，只能说当你足够自信，爱自己，爱时尚时，举手投足间才能散发出属于

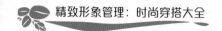

你个人的魅力，而这种独特性才真正是你的个人风格。

有科学证明，穿衣打扮影响着你做事的能力以及情绪，这种现象叫衣着认知。所以我们可以尝试用不同的衣着来重塑自我，把内心态度外在去展现，从而让自己变得更加年轻。九宫格是一个很好地帮助你尝试百变和搭配的工具，只要你找到自己的风格原点，向某一个方向进行移动的时候，全部风向都转向那个目标就可以了。不要忘记我们所有的终极美丽都源自服装和脸之间的配对，越和谐越高级。

就像我们经常说的，衣服不是为了让人变成另外一个模样，而是帮助你成为你自己。而穿衣风格特别好地诠释了内心的时尚。对于一个成熟女性来说，吸引人的是自信，还有年龄与风格渐成的内心态度。追求美是不受时间和年龄限制的，不管在任何年龄，你都值得收获一个百分百的自己。

请记住：穿对了，才会越来越年轻。

和我年轻的时候相比，我现在对自己的外貌越来越自信了。而且，我能更自由地表达自我，也更能改变大家对衰老的刻板印象。

——Lyn slater

皱纹是生命进程的奖章，它代表着我的经历和我想成为的人。我永远不会对我的脸做出任何人为的改变，因为一旦我做了，我将再也不会知道我去过的地方。

—— Lauren Hutton

读 者 意 见 反 馈 表

亲爱的读者：

感谢您对中国铁道出版社有限公司的支持，您的建议是我们不断改进工作的信息来源，您的需求是我们不断开拓创新的基础。为了更好地服务读者，出版更多的精品图书，希望您能在百忙之中抽出时间填写这份意见反馈表发给我们。随书纸制表格请在填好后剪下寄到：北京市西城区右安门西街8号中国铁道出版社有限公司综合编辑部 巨凤 收（邮编：100054）。或者采用传真（010-63549458）方式发送。此外，读者也可以直接通过电子邮件把意见反馈给我们，E-mail地址是：herozyda@foxmail.com。我们将选出意见中肯的热心读者，赠送本社的其他图书作为奖励。同时，我们将充分考虑您的意见和建议，并尽可能地给您满意的答复。谢谢！

- -

所购书名：_____

个人资料：

姓名：_____ 性别：_____ 年龄：_____ 文化程度：_____

职业：_____ 电话：_____ E-mail：_____

通信地址：_____ 邮编：_____

- -

您是如何得知本书的：

□书店宣传 □网络宣传 □展会促销 □出版社图书目录 □老师指定 □杂志、报纸等的介绍 □别人推荐 □其他（请指明）_____

您从何处得到本书的：

□书店 □邮购 □商场、超市等卖场 □图书销售的网站 □培训学校 □其他

影响您购买本书的因素（可多选）：

□内容实用 □价格合理 □装帧设计精美 □带多媒体教学光盘 □优惠促销 □书评广告 □出版社知名度 □作者名气 □工作、生活和学习的需要 □其他

您对本书封面设计的满意程度：

□很满意 □比较满意 □一般 □不满意 □改进建议

您对本书的总体满意程度：

从文字的角度 □很满意 □比较满意 □一般 □不满意

从技术的角度 □很满意 □比较满意 □一般 □不满意

您希望书中图的比例是多少：

□少量的图片辅以大量的文字 □图文比例相当 □大量的图片辅以少量的文字

您希望本书的定价是多少：

本书最令您满意的是：

1.

2.

您在使用本书时遇到哪些困难：

1.

2.

您希望本书在哪些方面进行改进：

1.

2.

您需要购买哪些方面的图书？对我社现有图书有什么好的建议？

您更喜欢阅读哪些类型和层次的理财类书籍（可多选）？

□入门类 □精通类 □综合类 □问答类 □图解类 □查询手册类 □实例教程类

您在学习计算机的过程中有什么困难？

您的其他要求：